U0805613

植物组织培养实验指导

龚一富　主编

科 学 出 版 社
北　京

内 容 简 介

本书根据现代植物组织培养技术理论和方法编排了22个实验，包括培养基的配制、外植体表面消毒、器官分化、快繁技术、茎尖脱毒技术、微型薯诱导、花药培养、人工种子、细胞培养、原生质体培养及融合、水培技术、非试管快繁技术、遗传转化技术、转基因植株鉴定等内容。本书除植物组织培养基本实验外，还设置了多种植物的快繁技术和水培技术等，供学生实验时选择参考。本书既突出植物组织培养基本实验技能，又增加了训练学生科研创新能力的综合性实验。

本书适合于综合性大学、农林院校、高职院校等生物技术、生物科学、生物工程、农学、园艺、林学等生物相关专业的实验教材，也可供植物组织培养相关研究生、教师和科研人员参考。

图书在版编目(CIP)数据

植物组织培养实验指导/龚一富主编. —北京：科学出版社，2011.9
ISBN 978-7-03-032213-5

Ⅰ.①植… Ⅱ.①龚… Ⅲ.①植物—组织培养—实验—高等学校—教学参考资料 Ⅳ.①Q943.1-33

中国版本图书馆CIP数据核字(2011)第175936号

责任编辑：朱 灵 叶成杰／责任校对：谭宏宇
责任印制：黄晓鸣 ／封面设计：殷 靓

科学出版社出版
北京东黄城根北街16号
邮政编码：100717
http://www.sciencep.com
广东虎彩云印刷有限公司印刷
科学出版社发行 各地新华书店经销
*
2011年9月第 一 版 开本：B5(720×1000)
2025年9月第五十六次印刷 印张：7
字数：132 000

定价：24.00元

前　言

植物组织培养技术是一门实用性非常强的现代生物技术课程，也是植物基因工程实验的基础和关键技术之一。目前，农业产业化、农业产业结构调整、城市绿化、退耕还林工程等需要大量的持续优质高效的经济植物、花卉园林植物、园艺植物种子种苗，通过植物组织培养技术和植物非试管快繁技术可实现植物的规模化繁殖和种植，将为观赏植物种子种苗工程带来一次全新的育苗革命。水培花卉因其观赏价值而具有很大的市场前景，深受人们喜爱。

植物组织培养技术属于实用性很强的高新技术，也是高等院校生物技术专业、生物科学专业和生物工程专业的必修课程，也是高职类院校的必修实践课程。开设《植物组织培养实验》课程，是生命科学技术发展的需要，也是学生掌握一项真正的实用生物技术的需要，通过该课程的学习和实践，让学生掌握植物组织培养技术、植物非试管快繁技术和植物水培技术的原理和基本操作技能，为学生毕业后从事植物基因工程研究、花卉园林园艺植株快繁及种子种苗工程、观赏创意农业开发推广等方面的研究和管理工作打下坚实的理论和实践基础，也为学生就业和自主创业提供技术和理论基础。

本书在编写过程中，结合编者多年教学经验以及自身的科学研究经验和成果，并参考大量植物组织培养相关书籍和文献资料，编写了本实验教材。本书共开设22个实验，每个实验都详细介绍了实验目的、实验原理、实验材料器材、实验步骤、注意事项、实验结果和实验报告，并附有思考题。

由于编者水平有限和实践所限，书中难免存在错误和不足之处。希望读者在使用本教材过程中，对我们教材的不当之处，提出您宝贵的意见和批评指正，在此表示感谢。

龚一富

2011 年 6 月

前言

目　　录

实验一　玻璃器具等的清洗、烘干、包扎、灭菌

【实验目的】

学习掌握玻璃器具等器材的清洗、烘干、包扎和灭菌技术。

【实验原理】

在植物组织培养实验中，需要将实验所用的玻璃器具清洗干净，植物离体细胞组织培养对任何玻璃器皿残留的毒性物质都十分敏感，可能会影响植物细胞的生长和分化。毒性物质包括解体的微生物、细胞残余物以及非营养的化学物质。某些化学物质仅 0.01 μg/L 就会对细胞产生毒性作用，因此，植物组织培养实验中对培养器皿的清洗是一项极为重要的环节，对培养器皿清洗和消毒是否彻底，会直接影响植物组织培养的实验结果，甚至导致实验失败。因此，在开展植物组织培养实验之前，需要掌握玻璃器皿的清洗、消毒的基本原理和技能。

严格的消毒灭菌对植物组织细胞培养的成功率也极为重要。植物组织培养中常采用物理灭菌法和化学消毒法两种消毒方法。高温高压蒸汽灭菌法适合于玻璃器皿的消毒。植物组织培养中接种用的玻璃器皿需要处于无菌状态，通常采用高温高压灭菌方法可达到无菌的目的。

【材料、仪器与试剂】

1. 材料

洗涤架、试管、三角瓶、培养皿、吸管、棉线、纱布、棉花、牛皮纸、报纸、硅胶塞、洗涤剂、去污粉。

2. 仪器

高压蒸汽灭菌锅、电热烘箱。

3. 试剂

3%～5%来苏尔、5%石炭酸、0.25%新洁尔灭、2% NaOH、5%稀盐酸、浓盐酸。

铬酸洗液：用 5～10 g $K_2Cr_2O_7$ 溶于少量热水中，冷却后徐徐加入 100 ml 浓硫酸，搅动，得暗红色洗液，冷后注入干燥试剂瓶中盖严备用。

碱性高锰酸钾洗液：取4 g高锰酸钾溶于少量水后，加入 100 ml 10%的 NaOH 溶液混匀后装瓶备用。洗液呈紫红色。

【实验步骤】

1. 玻璃器皿的清洗

(1) 新购玻璃器皿的清洗

新购买的玻璃器皿上常带有许多干涸的灰尘,同时又含有铅和砷等碱性且对细胞有毒性的物质。在使用前,将器皿放入 5% HCl 溶液中浸泡几小时以中和游离的碱性物质,最后用流水冲洗干净。对容量较大的器皿,如大烧瓶、量筒等,洗净后注入浓盐酸少许,转动容器使其内部表面均沾有浓盐酸,数分钟后倾去浓盐酸,再以流水冲洗干净,倒置于洗涤架上晾干,即可使用。

(2) 旧玻璃器皿的清洗

浸泡　用过的玻璃器皿往往带有大量培养基、激素等残渣,干涸后不易刷洗掉,故用后要立即用清水浸泡。可先用自来水简单刷洗,然后用 5% HCl 浸泡过夜。

刷洗　浸泡后的玻璃器皿一般用毛刷沾洗涤剂洗去玻璃器皿上的杂质。刷洗次数太多,会损害玻璃器皿的表面光洁度,所以宜选用软毛刷和优质的洗涤剂。刷洗时要注意瓶角等部位,不能留有死角。

酸洗　刷洗不掉的极微量杂质经过洗液的强氧化作用可被除掉。洗液是由重铬酸钾、浓硫酸和蒸馏水配制而成,包括强液、次强液和弱液三种,其配方见表 1-1。洗液对玻璃器皿无腐蚀作用,去污十分有效,浸泡时,器皿要充满洗液。铬酸洗液有很强的氧化性,能浸洗去绝大多数污物。洗液可反复使用,呈墨绿色时,说明洗液已失效,不能再继续使用。铬酸洗液成本较高,有腐蚀性和毒性,使用时必须戴上厚的皮手套,不要接触皮肤及衣物。碱性高锰酸钾洗液有强碱性和氧化性,能浸洗去各种油污。洗后若仪器壁上面有褐色二氧化锰,可用盐酸或稀硫酸或亚硫酸钠溶液洗去。碱性高锰酸钾洗液可反复使用,直至碱性及紫色消失为止。

表 1-1　洗液配方

药品	强液	次强液	弱液
重铬酸钾 g	63	120	100
浓硫酸 ml	1 000	200	100
蒸馏水 ml	200	1 000	1 000

冲洗　刷洗和洗液浸泡后都必须用水充分冲洗,不留任何残迹,然后用蒸馏水漂洗 2～3 次,晾干备用。

(3) 带菌玻璃器皿的洗涤

凡实验室用过的菌种以及带有活菌的各种玻璃器皿,必须经过高温高压灭菌或消毒后才能进行刷洗。

带菌培养皿、试管、三角瓶等物品，做完实验后应放入高温高压灭菌锅内，用 0.1 MPa 灭菌 20～30 min 后再刷洗。含菌培养皿的灭菌，底盖要分开放入不同的桶中，再进行高压灭菌。带菌的吸管和滴管，使用后不得放在桌子上，应立即放入盛有 3%～5%来苏尔或 5%石炭酸或 0.25%新洁尔灭溶液的玻璃缸（筒）内消毒 24 h 后，再经 0.1 MPa 灭菌 20 min 后，取出冲洗。

2. 塑料器皿的清洗

塑料器皿耐腐蚀能力强，但质地较软，且不耐热，因此它和玻璃器皿清洗方法不同。塑料器皿先用清水充分浸泡和冲洗，再用 2% NaOH 溶液浸泡过夜，用自来水冲洗，然后用 1% HCl 浸泡 30 min，再用自来水冲洗，最后用蒸馏水漂洗 3 次，晾干备用。

3. 滤器的清洗

玻璃滤器与玻璃器皿清洗相同。无论是浸泡还是酸浸，都可用抽滤法。使用后，立即将清水注入滤器，抽气过滤，反复抽滤 5 次。将干净铬酸洗液或热浓硫酸注入滤器，抽气过滤至酸液滤过完毕，再用清水抽滤 10 次，蒸馏水抽气过滤 3 次。蔡氏滤器使用后弃去石棉滤膜，金属部分刷洗干净，最后用蒸馏水漂洗 2～3 次，晾干备用。

新购置的胶塞带有大量滑石粉，先用自来水冲洗干净，常规处理，每次用后的胶塞用水浸泡，然后用 2% NaOH 煮沸 15 min 左右，自来水冲洗，再用 1% HCl 浸泡 30 min，最后用自来水冲洗和蒸馏水漂洗，晾干后备用。

4. 玻璃器材的晾干或烘干

对不急用的玻璃器材，可放在实验室中自然晾干；对急用的玻璃器材，把器材放在托盘中（大件的器材可直接放入烘箱中），再放入烘箱内，用 80～120℃烘干，当温度下降到 60℃以下再打开取出器材使用。

5. 器皿的包扎

要灭菌后的器皿仍保持无菌状态，需在灭菌前进行包扎。

培养皿：洗净的培养皿烘干后每 10 套叠在一起，用报纸卷成一筒，然后进行灭菌。

吸管：洗净、烘干后的吸管，在吸口的一头塞入少许脱脂棉花，以防在使用时造成污染。塞入的棉花量要适宜，多余的棉花可用酒精灯火焰烧掉。每支吸管用一条宽 4～5 cm 的纸条，以 30°～50°的角度螺旋形卷起来，吸管的尖端在头部，另一端用剩余的纸条打成一结，以防散开，标上容量，若干支吸管包扎成一束进行灭菌。使用时，从吸管中间拧断纸条，抽出试管。

试管和三角瓶：试管和三角瓶都需要做合适的棉塞，棉塞可起过滤作用，避免空气中的微生物进入容器。制作棉塞时，要求棉花紧贴玻璃壁，没有皱纹和缝隙，松紧适宜。过紧易挤破管口和不易塞入；过松易掉落和污染。棉塞的长度不小于管口直径的 2 倍,约 2/3 塞进管口。若干支试管用绳扎在一起,在棉花部分外包裹油纸或牛皮纸,再用绳扎紧。三角瓶加棉塞后单个用油纸包扎。

6. 玻璃器材的灭菌

采用干热灭菌：160～165℃烘箱中灭菌 2 h;或湿热灭菌：121℃ 20～30 min。

【注意事项】

1. 玻璃器具在清洗和使用前要仔细检查,避免使用有裂痕的仪器。

2. 玻璃器皿因其壁薄,机械强度很低,灭菌和清洗时,必须小心操作。

3. 配制洗液时需小心,注意安全。配制时注意保护身体裸露部分及面部,要戴耐酸手套和耐酸围裙,防止损伤皮肤和衣服。配制过程中加入浓硫酸时将产生大量热量,因此配制的容器需要选用耐酸、耐热、开口大的塑料器皿。加入浓硫酸时宜慢,以免热量产生过多导致器具破裂,发生危险。浸泡时间不能少于 6 h。

【思考题】

1. 干热灭菌和高压蒸汽法适用范围如何?

2. 电热烘箱和高压锅如何操作?各有哪些使用注意事项?

3. 配制洗液时应注意哪些问题?

实验二　培养基母液的配制

【实验目的】

掌握培养基母液和植物激素母液的配制原理和方法。

【实验原理】

培养基的主要成分包括无机营养物质、碳源、有机物质、植物激素等，由于每种培养基往往含有一二十种化合物，如果每次配制时都要按照成分表依次称量，则配制起来不仅繁琐费时，而且还很难达到准确和精确，尤其是植物激素和微量元素用量较少，难于准确称量，稍有偏差，就会影响试验结果及试验的重复性。为了提高配制培养基的工作效率，在配制培养基前，常常将大量元素、微量元素、铁盐、有机物质、植物激素等分别配制成比培养基配方需要量大 10 倍、100 倍或 1 000 倍的浓缩液，即母液。当配制培养基时，只需要按预先计算好的量吸取母液即可，这样使用方便，节省了大量人力、时间和提高了工作效率。配制母液时，一般按照药品的种类和性质分别配制，所配制的培养基母液应放在 4℃冰箱保存备用，发现母液有杂菌污染或出现浑浊或沉淀时不宜再使用，应重新配制。

大量元素一般配成浓缩 10～20 倍的母液，微量元素配成浓缩 100～1 000 倍的母液，铁盐需要单独配制，一般浓缩 100～1 000 倍，有机物质一般浓缩成 100～1 000 倍。生长调节物质需先用酒精、HCl 或 NaOH 溶解后再用水定容，其母液浓度一般配成 0.1～1 mg/ml。

【实验材料、仪器与试剂】

1. 实验材料

烧杯（500 ml、100 ml、50 ml）、容量瓶（1 000 ml、100 ml、50 ml、25 ml）、蓝盖瓶（1 000 ml、100 ml、50 ml、25 ml）、药勺、玻璃棒、电炉、称量纸。

2. 实验仪器

电子天平（感量为 0.000 1 g）、电子天平（感量为 0.01 g）、磁力搅拌器。

3. 实验试剂

NH_4NO_3、KNO_3、$CaCl_2 \cdot 2H_2O$、$MgSO_4 \cdot 7H_2O$、KH_2PO_4、KI、H_3BO_3、$MnSO_4 \cdot 4H_2O$、$ZnSO_4 \cdot 7H_2O$、$Na_2MoO_4 \cdot 2H_2O$、$CuSO_4 \cdot 5H_2O$、$CoCl_2 \cdot 6H_2O$、$FeSO_4 \cdot 7H_2O$、Na_2－EDTA · $2H_2O$、肌醇、烟酸、盐酸吡哆醇（维生素 B_6）、盐酸硫胺素（维生素 B_1）、甘氨酸、IAA、NAA、2.4－D、IBA、KT、6－BA、ZT、GA_3、ABA 等。

【实验步骤】

1. 大量元素母液的配制

MS培养基各大量元素成分按照表2-1培养基浓度含量扩大10倍，用感量为0.01 g的电子天平称取，用蒸馏水分别溶解，按顺序逐个称出，依次加入盛有一定蒸馏水的烧杯中，于磁力搅拌器上逐个搅拌混匀溶解。后用蒸馏水定容到1 000 ml的容量瓶中，即为10倍的大量元素母液。倒入蓝盖瓶，贴好标签、注明名称及扩大倍数，保存于4℃冰箱中。配制培养基时，每配1 L培养基应取该母液100 ml。

表2-1　MS培养基大量元素母液制备

序　号	药品名称	培养基浓度/(mg/L)	扩大10称量/mg	配制体积/L
1	NH_4NO_3	1 650	16 500	配1 L培养基取100 ml
2	KNO_3	1 900	19 000	
3	$CaCl_2 \cdot 2H_2O$	440	4 400	
4	$MgSO_4 \cdot 7H_2O$	370	3 700	
5	KH_2PO_4	170	1 700	

2. 微量元素母液的配制

MS培养基的微量元素无机盐由7种化合物(除Fe)组成。微量元素用量较少，特别是$CuSO_4 \cdot 5H_2O$和$CoCl_2 \cdot 6H_2O$，因此在配制微量元素母液时可将微量元素母液分成微量元素Ⅰ(×100)、微量元素Ⅱ(×1 000)分别配制。按照表2-2、表2-3配方，用感量为0.000 1 g的电子天平称量，其他配制方法同上。配制MS培养基时，每配制1 L培养基，取微量元素Ⅰ10 ml，微量元素Ⅱ1 ml。

表2-2　MS培养基微量Ⅰ的配制

序　号	药品名称	培养基浓度/(mg/L)	扩大100倍称量/mg	配制体积/L
1	$MnSO_4 \cdot 4H_2O$	22.3	2 230	配1 L培养基取10 ml
2	$ZnSO_4 \cdot 7H_2O$	8.6	860	
3	H_3BO_3	6.2	620	
4	KI	0.83	83	
5	$Na_2MoO_4 \cdot 2H_2O$	0.25	25	

表2-3　MS培养基微量Ⅱ的配制

序　号	化合物名称	培养基浓度/(mg/L)	扩大1 000倍称量/mg	配制体积/L
1	$CuSO_4 \cdot 5H_2O$	0.025	25	配1 L培养基取1 ml
2	$CoCl_2 \cdot 6H_2O$	0.025	25	

3. 铁盐母液的配制

铁盐不是都需要单独配成母液,如柠檬酸铁,只需和大量元素一起配成母液即可。目前常用的铁盐是硫酸亚铁和乙二胺四乙酸二钠的螯合物,必须单独配成母液。这种螯合物使用起来方便,又比较稳定,不易发生沉淀。铁盐母液常配成 100 倍母液,配制方法同上,直接用蒸馏水加热搅拌溶解。配制培养基时,配制 1 L 取此母液 10 ml。

表 2-4 MS 铁盐母液的配制

序号	化合物名称	培养基浓度/(mg/L)	扩大 100 倍称量/mg	配制体积/L
1	Na_2-EDTA	37.3	3 730	配 1 L 培养基取 10 ml
2	$FeSO_4 \cdot 7H_2O$	27.8	2 780	

4. 有机母液的配制

MS 培养基的有机成分有甘氨酸、肌醇、烟酸、盐酸硫胺素和盐酸吡哆醇。培养基中的有机成分原则上应分别单独配制。有机化合物母液常配成 200 倍母液,配制时直接用蒸馏水溶解,注意称量时用电子分析天平。配制培养基时,配制 1 L 取此母液 5 ml。

表 2-5 MS 培养基有机物质母液的制备

序号	化合物名称	培养基浓度/(mg/L)	扩大 200 倍称量/mg	配制体积/L
1	甘氨酸	2	400	配 1 L 培养基取 5 ml
2	肌 醇	100	20 000	
3	盐酸硫胺素(VB_1)	0.4	80	
4	盐酸吡哆醇(VB_6)	0.5	100	
5	烟 酸	0.5	100	

5. 激素母液配制

植物组织培养中使用的激素种类及含量需要根据不同的研究目的而定。一般激素母液的配制的终浓度以 0.5 mg/ml 或 1 mg/ml 为好,配制的母液装入棕色瓶中,贴好标签,注明母液名称、倍数和日期,放置于 4℃冰箱保存备用。

配制激素母液时需要注意以下事项:

(1) 配制生长素类,例如 IAA、NAA、2.4-D、IBA,应先用少量 95%乙醇或无水乙醇充分溶解,或者用少许 1 mol/L 的 NaOH 溶解,然后用蒸馏水定容到一定的浓度。IAA 易被植物细胞所氧化,故培养基中很少单独使用。

(2) 配制细胞分裂素,例如 KT、6-BA、ZT,应先用少量 95%乙醇或无水乙醇加 3~4 滴 1 mol/L 的盐酸溶解,再用蒸馏水定容。玉米素不耐热,不能高压灭菌。

(3) 配制赤霉素类，如 GA_3，应先用少量 95% 乙醇或无水乙醇充分溶解。赤霉素不耐热，不能高压灭菌，需要采用过滤除菌。赤毒素在愈伤组织和悬浮培养物的启动和保持生长时才需要，有时小植株再生时也需要。

(4) 配制脱落酸类，如 ABA，应先用少量 95% 乙醇或无水乙醇充分溶解，再用蒸馏水定容。因 ABA 加热易分解，需要采用过滤除菌。

(5) 配制生物素，用稀氨水溶解，然后定容。

【注意事项】

1. 配制 MS 大量元素母液时，某些无机成分如 Ca^{2+}、SO_4^{2-}、Mg^{2+} 和 $H_2PO_4^-$ 等在一起可能会发生化学反应，产生沉淀物。为避免此现象发生，母液配制时要用纯度较高的重蒸馏水溶解，药品采用等级较高的分析纯，各种化学药品必须先以少量重蒸馏水使其充分溶解后才能混合，混合时应注意先后顺序。特别应将 Ca^{2+}、SO_4^{2-}、Mg^{2+} 和 $H_2PO_4^-$ 等离子错开混合，速度宜慢，边搅拌边混合。

2. $CaCl_2 \cdot 2H_2O$ 要在最后单独加入，在溶解 $CaCl_2 \cdot 2H_2O$ 时，蒸馏水需加热沸腾，除去水中的 CO_2，以防沉淀。另外，$CaCl_2 \cdot 2H_2O$ 放入沸水中易沸腾，操作时要防止其溢出。

3. 在配制铁盐时，如果加热搅拌时间过短，会造成 $FeSO_4$ 和 Na_2-EDTA 螯合不彻底，此时若将其冷藏，$FeSO_4$ 会结晶析出。为避免此现象发生，配制铁盐母液时，$FeSO_4$ 和 Na_2-EDTA 应分别加热溶解后混合，并置于加热搅拌器上不断搅拌至溶液呈金黄色（加热 20～30 min），调 pH 至 5.5，室温放置冷却后，再冷藏。

4. 由于维生素母液营养丰富，因此贮藏时极易染菌。被菌类污染的维生素母液，有效浓度降低，并且易给后期培养造成伤害，不宜再用。避免此现象发生的方法是：配制母液时用无菌重蒸馏水溶解维生素，并贮存在棕色无菌瓶中，或缩短贮藏时间。

5. 所有的母液都应保存在 0～4℃冰箱中，若母液出现沉淀或霉团则不能继续使用。

6. 使用电子分析天平时注意不要把药品撒到称盘上，用完以后，用洗耳球将天平内的脏物清理干净。

【实验报告】

根据所给母液浓度、蔗糖、琼脂用量、pH，配制培养基 MS＋KT1.0 mg/L＋BA2.0 mg/L＋NAA0.2 mg/L＋蔗糖 3%＋琼脂 0.7%，pH5.8。计算各种母液吸取量，填入下表。

药品名称	母液浓度	1 L 培养基母液吸取量	400 ml 培养基母液吸取量
大量元素	10 倍液		
微量元素Ⅰ	100 倍液		
微量元素Ⅱ	1 000 倍液		
铁　盐	100 倍液		
有机母液	200 倍液		
BA	0.5 mg/ml		
KT	0.5 mg/ml		
NAA	0.5 mg/ml		
蔗　糖			
琼　脂			
pH 值			

【思考题】

配制母液时为什么要按顺序加入各药品？溶解 $CaCl_2 \cdot 2H_2O$ 时，为什么要将蒸馏水加热？

实验三　培养基的配制、灭菌及分装

【实验目的】

学习培养基配制、灭菌和分装的操作原理和方法。了解几种常见灭菌方法，掌握干热灭菌法和加压蒸汽灭菌法的原理及其使用方法。

【实验原理】

对植物外植体进行离体培养时，要依靠培养基提供生长所需的营养成分。不同外植体对培养基的要求不同，适宜的培养基类型和组分浓度，对植物组织培养取得成功至关重要。另外，对组织培养物的脱分化和再分化等状态的调控，次生代谢产物的生产等都是通过调节培养基成分来实现的。培养基的主要成分包括无机营养物质、碳源、有机物质、植物生长物质等。

培养基中含有大量的有机物质，特别含糖量较高，是各种微生物滋生、繁殖的好场所。而接种材料需要在无菌条件下培养很长时间，如果培养基被污染，则达不到培养的预期结果。因此，培养基的灭菌，是植物组织培养中十分重要的环节。常用的灭菌方法是高压蒸汽灭菌和过滤除菌。

高压蒸汽灭菌是将待灭菌的物品放在一个密闭的加压灭菌锅内，通过加热，使灭菌锅隔套间的水沸腾而产生蒸汽，待水蒸气急剧地将锅内的冷空气从排气阀中驱尽，然后关闭排气阀，继续加热，此时由于蒸汽不能溢出，而增加了灭菌器内的压力，从而使沸点增高，得到高于100℃的温度。导致菌体蛋白质凝固变性而达到灭菌的目的。适用于一般培养基、玻璃器皿、金属用具和无菌水的灭菌。

【实验材料、仪器与试剂】

1. 实验材料

烧杯、量筒、容量瓶、移液管、试剂瓶、三角瓶、玻璃棒、吸耳球、蓝盖瓶、封口膜、称量纸。

2. 实验仪器

电子天平、移液枪、微波炉、高压灭菌锅、冰箱、磁力搅拌器、pH计。

3. 实验试剂

$CaCl_2 \cdot 2H_2O$、KNO_3、$MgSO_4 \cdot 7H_2O$、NH_4NO_3、KH_2PO_4、Na_2－EDTA、$FeSO_4 \cdot 7H_2O$、$MgSO_4 \cdot 4H_2O$、$ZnSO_4 \cdot 7H_2O$、H_3BO_3、KI、$NaMoO_4 \cdot 2H_2O$、$CuSO_4 \cdot 5H_2O$、$CoCl_2 \cdot 6H_2O$、甘氨酸、盐酸硫胺素、盐酸吡哆醇、烟酸、肌醇、MS培养基母液、蔗糖、琼脂粉、1 mol/L NaOH、1 mol/L HCl。

【实验步骤】

1. MS 培养基的配制(以 1 L MS 培养基为例)

(1) 计量

根据配制培养基的体积和母液的浓度计算需要吸取 MS 各种母液的量,计算公式为:

母液吸取量(ml)=培养基中物质的含量(mg/L)×1 000 ml/母液浓度(mg/L)

(2) 吸取母液

按照计算吸取母液的量依次吸取各母液置于蓝盖瓶中备用。

(3) 称取蔗糖

称取 30 g 蔗糖放于蓝盖瓶中融化。

(4) 定容

用搪瓷量杯量取 600~700 ml 的蒸馏水倒入蓝盖瓶中,混匀溶解,加水至约 1 000 ml。

(5) 调节 pH

用滴管或移液枪吸取物质当量浓度为 1 mol/L 的 NaOH 或 HCl 溶液,逐滴滴入 MS 培养基中,边滴边用磁力搅拌器搅拌,并随时用 pH 计或精密的 pH 试纸(5.4~7.0)测量培养基的 pH,一直到培养基的 pH 达到要求为止(在调制时要比目标 pH 偏高 0.2~0.5 个单位,因为培养基在灭菌过程中由于糖等物质的降解,pH 会下降 0.2~0.5 个单位左右)。

(6) 混合溶解

称取 8 g 琼脂粉于蓝盖瓶中,放入微波炉中加热,沸腾后摇动蓝盖瓶直至琼脂完全溶解,得到半透明 MS 培养基。

(7) 植物激素的添加

按照所需植物激素的用量,用移液枪吸取各种植物激素母液,加入蓝盖瓶中混匀。某些生长调节物质(如 GA_3、ZT、IAA、ABA 等),遇热容易分解,不能进行高压灭菌,必须过滤灭菌。在进行溶液过滤灭菌时,可使用孔径为 0.45 μm 和更小的细菌滤膜。高压灭菌后,培养基凝固之前并加入植物激素,并轻轻摇动混匀。为此,培养基的装入量和过滤灭菌后的物质都需要事先计算好,定量加入其中。

例如:配制培养基 MS + BA 1.0 mg/L + NAA 0.1 mg/L。

假设:BA、NAA 母液浓度为 0.1 mg/ml,培养基为 400 ml,加 BA 的体积为 x ml,加 NAA 的体积为 y ml,则:

$$1.0\times0.4=0.1\times x \qquad x=4\ \text{ml}$$

$$1.0 \times 0.4 = 0.1 \times y \qquad y = 4\ \text{ml}$$

激素母液的吸取量(ml)＝培养基体积(L)×所需浓度(mg/L)/母液浓度(mg/ml)

(8) 分装

溶化的培养基应趁热分装，以免冷却凝固。分装时，将蓝盖瓶中的培养基倒入锥形瓶(50 ml 或 100 ml)或培养瓶中。注意不要让培养基沾到瓶口和瓶壁上。锥形瓶中培养基的量为锥形瓶容量的 1/5～1/4。每 1 L 培养基可分装 25～30 瓶。

(9) 封口包扎

用瓶盖或封口膜封口，外边可加一层牛皮纸，扎好绳子，用铅笔或碳素墨水笔在牛皮纸上写上培养基的代号、配制日期。

2. 培养基的灭菌

(1) 高压蒸汽灭菌法

把分装好的培养基及所需灭菌的各种器具、蒸馏水等，放入高压蒸汽灭菌锅的消毒桶中，外层锅内加水，水位高度不超过支架高度。盖好锅盖，上好螺丝，注意上螺丝要对角线上。加热后，锅上压力表指针开始移动，当指针移至 0.5 kg/cm^2 时，扭开放气阀排除冷空气，使压力表指针回复零位。当指针移至 1.1～1.2 kg/cm^2 时，即 121℃时，维持一定的时间(表 3－1)。由于容器的体积不同，瓶壁的厚度不同，所以灭菌的时间也要适当考虑，具体可以参考表 3－2。灭菌后要趁热取出三角瓶，不可久不放气，让压力锅自行冷却，这样易将棉塞等闷得太湿，引起后来长霉污染。培养基自然冷却凝固。放置 1 d 后再使用。

表 3－1 饱和蒸汽压力与其对应的温度

饱和蒸汽压力			饱和蒸汽压力		
kg/cm^2	磅/平方英寸	温度/℃	kg/cm^2	磅/平方英寸	温度/℃
0.0	0	100	1.055	15	121.0
0.141	2	103.6	1.125	16	122.0
0.281	4	106.9	1.266	18	124.1
0.442	6	109.8	1.406	20	126.0
0.563	8	112.6	1.543	22	127.8
0.703	10	115.2	1.681	24	129.6
0.844	12	117.6		30	134.5
0.984	14	119.9		50	147.6

(2) 过滤除菌

培养基中某些成分是热不稳定的，在高温湿热灭菌中可能会降解。这类物质需要进行过滤灭菌。例如一些生长因子，如赤霉素(GA)、玉米素、脱落酸、尿素和某些维生素是不耐热的，不能用高压灭菌处理，通常采用过滤灭菌方法。先将除去了热不稳定物质的培养基经高温高压灭菌后置于超净工作台上冷却至 40℃，再将

表 3-2　培养基高压蒸汽灭菌所必需的最少时间

容器的体积/ml	在 121℃下最少灭菌时间/min
20～50	15
75～150	20
250～500	25
1 000	30
1 500	35

过滤除菌后物质按计划用量依次加入，摇匀，凝固后即可使用。如果是液体培养基，没有凝固这个问题，则可在冷却到室温后再加入。

过滤除菌滤膜其孔径尺寸一般要小于或等于 0.4 μm。过滤灭菌的原理，是溶液通过滤膜时，细菌的细胞和孢子等因大于滤膜孔径而被阻。滤膜的吸附作用力也不容忽视，往往小于滤膜孔径的细菌等亦不能透过。在需要过滤灭菌的液体量大时，常使用抽滤装置。液量少时可用注射过滤器，它由注射器、滤器(可更换)、持着部分和针管等几部分组成。注射器不必先经高压灭菌，而后面几部分要预先用铝箔或牛皮纸等包扎好，最好放在有螺旋盖的玻璃罐中，经高压灭菌，滤器灭菌不应超过 121℃。由于这个"注射过滤灭菌器"小巧、方便、实用，在液量多时多用几套这种装置(亦可适当重复使用)也能顺利完成液体灭菌操作。在使用前按无菌操作要求将注射过滤灭菌器的几个部分装配在一起，把吸有需要过滤灭菌溶液的注射器插入细菌过滤器与之相配合的插接口，推压注射器活塞杆，将溶液压过滤膜，从针管部分滴出的溶液就是无菌溶液了，但是滤膜不能阻挡病毒粒子通过。在一般情况下，人工配制的溶液不会含有使植物致病的病毒。毫无疑问，过滤过的溶液要按无菌操作要求尽快加入培养基中，以免重新遭到污染。假如需经过滤灭菌的溶液带有沉淀物，那么在过滤灭菌之前可用 3 号烧结玻璃滤器预先予以去除，这样可以减少细菌滤膜微孔被堵塞的情况。

【注意事项】

1. 在使用提前配制的母液时，应在量取各种母液之前，轻轻摇动盛放母液的瓶子，如果发现瓶中有沉淀、悬浮物或被微生物污染，应立即淘汰这种母液，重新进行配制。

2. 用量筒或移液管量取培养基母液之前，必须用所量取的母液将量筒或移液管润洗 1～2 次，量取各母液的移液管要单独使用，不能混用。

3. 在加热琼脂、制备培养基的过程中，操作者千万不能离开，否则沸腾的琼脂外溢，就需要重新称量、制备。此外，如果没有搪瓷量杯，可用大烧杯代替。但要注意大烧杯底的外表面不能沾水，否则加热时烧杯容易炸裂，使溶液外溢，造成烫伤。

4. 调节 pH 时要用玻璃棒不停地搅拌，使其充分混合。

5. 培养基中的部分成分在高温灭菌时易发生化学变化，致使培养基 pH 降低，从而使琼脂凝固力下降，发生培养基灭菌前凝固，灭菌后不凝固现象。避免此现象发生的方法是：调整培养基 pH，一般不低于 5.6，若需酸性较强培养基，可适当增加琼脂用量。

6. 高压灭菌锅锅内冷空气必须排尽，否则压力表指针虽达到一定压力，但由于锅内冷空气的存在事实上达不到应有的灭菌温度，因而影响灭菌效果。当达到一定压力后，注意在保持压力过程中，严格遵守灭菌时间，时间过长会使一些化学物质遭到破坏，影响培养基成分，时间短则达不到灭菌效果。对蒸馏水，各种器具灭菌时，灭菌时间要适当延长，压力也要提高，一般在 121℃维持 1 h。另外三角瓶中的液体不超过总体积的 70%，否则当温度超过 100℃时，培养基会喷溢，造成培养瓶壁和封口膜的污染。

7. 消毒后的培养基不能立即用于接种，而应放置 24～72 h。放置后如果培养基中没有出现菌落，则说明培养基是无菌的，才可以用于接种。另外灭菌分装好的培养基一般应在 1～2 周内用完，短时间可存放于室温条件，如不能尽快用完，应放在 4℃条件下。

【实验报告】

记录配制培养基的过程，计算各培养基母液的用量。

【思考题】

1. 在配制培养基的操作过程中应注意什么问题？为什么？

2. 配制 MS 培养基时最好用什么方法加入？天然培养基为什么不需要另加微量元素？

3. 配制固体培养基不凝固的原因有哪些？

4. 培养基配好后，为什么必须立即灭菌？如何检查灭菌后的培养基是无菌的？

5. 高压蒸汽灭菌开始之前，为什么要将锅内冷空气排尽？灭菌完毕后，为什么待压力降低到“0”时才能打开排气阀，开盖取物？

6. 在使用高压蒸汽灭菌锅灭菌时，怎样杜绝一切不安全的因素？

7. 在一般情况下为什么试管或三角瓶培养基要用棉花塞而不用软木塞或橡皮塞？

实验四　外植体表面消毒和接种

【实验目的】

培养材料的灭菌与接种是组织培养过程中一个重要的环节。通过本实验，领会无菌培养对实验材料消毒，接种的要求，初步掌握培养材料灭菌，接种的操作技术。

【实验原理】

组织培养的主要过程都是在无菌条件下进行的，这就意味着在培养过程中，必须防止和消除细菌、真菌、藻类及其他微生物的感染。所有培养基、培养瓶、器械和植物材料本身均需严格消毒灭菌。无菌是所有植物培养成功的前提。

植物体内带有各种各样的微生物，一旦与培养基接触，这些微生物就会迅速繁殖，导致培养失败。对于初代培养来说，为了得到无菌的材料，材料的选择、消毒灭菌和接种都十分重要。

对材料进行表面消毒，所用消毒剂种类、浓度和处理时间，要根据材料的带菌情况、材料对消毒剂的敏感程度及消毒效果、材料类型及老嫩程度，通过试验优化。

外植体表面消毒的步骤一般可概括为：流水冲洗 1 h 左右，70%酒精浸泡数秒或更长时间。0.1%～0.2% $HgCl_2$ 浸泡 5～15 min（或 2%～10% NaClO 浸泡 10～30 min），无菌水冲洗 4～5 次。

对于初代培养来说，即使进行表面消毒，污染仍是难免的。为了提高无菌材料培养的获得率，减少工作量，初次接种每管放一块材料而不放 2 块、3 块或更多的材料，采用大量小试管将材料分散，是最有效的策略。可以算一个实例，以污染率为 95%计算，在 120 支试管中接种 120 块经灭菌的材料，可以得到 6 管 6 块不污染的材料。如果在一支试管中接种 2 块材料，2 块都污染的概率为 0.95×0.95＝90.25%，2 块都不污染的概率为 0.05×0.05＝0.25%，这样要接种 2 400 块材料到 1 200 管中才能从中得到 3 管 6 块无菌材料。由此可见，污染率愈严重的材料越要采用这一方法。对于污染严重的材料，初代培养中 5%的获得率并不算太差，一旦得到无菌材料，如果它们生长增殖，便可通过继代培养，建立无菌的培养系。

植物组织培养的接种是把经过表面消毒的植物材料切碎或分离出器官、组织、细胞，并将它们转放到无菌培养基上的全部操作过程。整个接种过程均需无菌操作。

【实验材料、仪器与试剂】

1. 实验材料

镊子、解剖刀、酒精灯、脱脂棉、烧杯、广口瓶、培养皿、废液缸、无菌滤纸。

银杏叶片、甘薯叶片、花卉蔬菜果树种子、带腋芽嫩茎。

2. 实验仪器

超净工作台。

3. 实验试剂

0.1%氯化汞($HgCl_2$)、酒精、次氯酸钠、无菌水、培养基母液。

【实验步骤】

1. 准备好培养基,无菌水,培养皿及接种工具。

2. 将培养基、无菌水、接种工具置于接种台上,打开超净工作台紫外灯开关,同时打开接种室内的紫外灯,用紫外灯照射至少 15～25 min,然后关闭室内的紫外灯,开送风开关,关闭台内的紫外灯,通风 10 min 后,再开日光灯进行无菌操作。

3. 接种前用肥皂洗手,特别是将手指洗净,然后用沾有 75%酒精的棉球把手消毒一次。

4. 将银杏叶片、甘薯茎段、黄瓜种子等在流水下冲洗干净。

5. 在超净工作台上将银杏叶片用刀片切成 2 cm×2 cm 的小块,将甘薯茎段切成 2 cm 切段,将银杏叶片、甘薯茎段或黄瓜种子放于一培养皿中,用 75%的酒精溶液浸泡 30 s,无菌水冲洗 3 次,然后用 0.1%氯化汞溶液或 10%次氯酸钠溶液(加入吐温 2 滴)浸泡 3～10 min,期间不断摇动溶液,倒掉用无菌水洗涤 4 次待用。

6. 解除三角瓶上捆扎的线绳,用沾有 75%的酒精的棉球把三角瓶表面擦一下,把三角瓶按培养基处理整齐排列在接种台左侧,然后用 75%酒精擦洗接种台表面。

7. 接种用的镊子使用前插入 75%的乙醇溶液中,使用镊子时在酒精灯上烧红,冷却后待用。也可以插入培养基边缘促使其冷却。每次取出时剪口并拢,不可接触磨口瓶和其他器皿,并保持尖端向下;剪、镊分别在酒精灯外焰彻底灼烧,烧时将剪口镊口张开,烧至剪、镊上部,火焰熄灭后,插回磨口瓶。

8. 在酒精灯火焰旁揭去封口膜或棉塞,将瓶口倾斜接近水平方向,用火焰灼烧瓶口,灼烧时应不断转动瓶口(靠手腕的动作,使试管口沾染的少量菌得以烧死),左手持瓶,使其靠近火焰,右手将烧过的镊子触动培养基部分,使其冷却,夹取银杏叶片或黄瓜种子,将其放在培养基上,用镊子轻轻按一下,使其部分浸入培养基。每瓶可放 4～6 个外植体。

9. 转动瓶口灼烧,将封口膜从酒精灯火焰上过一下,盖上封口膜,扎好绳子,标上接种日期、材料名称、培养基类型及激素浓度、姓名等。

10. 将接种材料移到培养室光照或黑暗培养。

【注意事项】

1. 从室外剪取的材料，要用自来水冲洗数分钟，对表面不光滑或长有绒毛等不容易洗净的材料，冲洗时间要长，必要时用毛刷刷洗。

2. 外植体消毒剂的选择要综合考虑消毒效果、不同材料对灭菌剂的耐受力、灭菌剂的去除效果等因素，最好选用两种消毒剂交替浸泡，初次实验灭菌时间要设置一定的时间梯度来确定最佳的灭菌时间。

3. 棉塞不能乱放。手拿的部分限于棉塞膨大的上半部分，塞入瓶口的那一段始终悬空，并不要碰到其他任何物体；若是螺旋盖或薄膜，则应解下放置在灭过菌的台面上，放置处应随时用酒精棉团涂抹灭菌。

4. 工作台接种时，操作人员的头、胳膊等不得进入台内。应尽量避免做明显扰乱气流的动作（比如说、笑、打喷嚏），以免影响气流，造成污染。另外操作过程中要不时用 75％的酒精擦拭双手。

5. 进入接种室前，应先将手表、手镯、戒指、耳环等放在室外，将手和手腕用肥皂洗净后才能进入接种室，并用 75％酒精棉球擦拭双手、双腕（此棉球置于超净工作台外烧杯内，并适时注入酒精）之后换上消毒的工作服、帽子、口罩（盖上鼻子和嘴、着装时注意头发不得置于帽子外，袖口用皮筋扎紧），进入台内。操作前用台内的酒精棉团擦拭手、手腕，再擦培养基和超净工作台，一般按如下顺序擦拭培养瓶：瓶的棉塞、瓶身、瓶底，彻底擦拭后放入超净工作台。

6. 接种前培养基出现大量污染现象。若菌类只存在于培养基表面，且主要是真菌时，可能是因培养瓶密封不严或放置培养基的环境不洁净，菌类种群密度过大所致。若菌类存在于培养基内部，则可能是由使用污染的贮藏母液引起。另外培养瓶不洁净，灭菌不彻底也是导致接种前培养基污染的原因。避免此现象发生的方法是：保持环境洁净，杜绝使用污染的母液，严格高压蒸汽灭菌程序，保证灭菌时间。

7. 接种后培养基出现大面积污染、菌落分布不匀，此种情况主要是接种过程中发生的污染所致。可能是接种室不洁净、菌类孢子过多、镊子带菌、操作人员手未彻底消毒、操作人员呼吸及超净工作台。出现故障等原因引起。避免此现象发生的方法是：保持无菌接种室洁净，并定期用甲醛等熏蒸灭菌；在接种前无菌室用紫外灯灭菌时间不低于 20～30 min；用 75％酒精喷雾杀菌降尘，超净台开启 15～20 min 后方可使用；镊子等接种工具严格彻底灭菌，且接种时使用 1 次，灭菌 1 次；操作过程中经常用 75％酒精等消毒剂擦洗手部等措施。

8. 接种后外植体周围发生菌类污染可能因外植体表面灭菌不彻底所致。解决方法是：外植体用饱和洗涤剂浸泡 10～15 min，自来水冲洗 0.5～2 h 后，再选择适宜的灭菌剂（表 4－1）消毒，一般用 0.1％～0.2％氯化汞灭菌最好。对于一些凹凸不平或有茸毛的外植体采用灭菌剂中加“吐温-80(Tween-80)”等湿润剂的办法,增加其渗透性,以提高杀菌效果。

表 4-1 植物组织培养中常用的消毒剂

消毒剂名称	使用浓度	消毒难易	灭菌时间/min	消毒效果
乙 醇	70%~75%	易	0.1~3	好
氯化汞	0.1%~0.2%	较难	2~15	最好
漂白粉	饱和溶液	易	5~30	很好
次氯酸钙	5%~10%	易	5~30	很好
次氯酸钠	2%	易	5~30	很好
过氧化氢	10%~12%	最易	5~15	好
溴 水	1%~2%	易	2~10	很好
硝酸银	1%	易	5~30	好
抗生素	4~50 mg/L	最易	30~60	相当好

9. 氯化汞为剧毒药品,使用时要注意,不要溅在皮肤上。使用后不能直接倒入下水道,需要放入回收桶内进行处理。

10. 操作人员的呼吸也是污染的主要途径,通常在平静呼吸时细菌是很少的,但谈话或咳嗽时细菌便增多,因此操作过程应禁止不必要的谈话并戴上口罩。

【实验报告】

对培养材料进行表面消毒接种后,每天观察外植体污染情况,并将污染情况填入下表。

日期	接种数	污染数	污染率	主要污染菌种

注:污染率(%)=(污染的外植体数/总接种外植体数)×100%

如果培养材料大部分发生污染,说明消毒剂浸泡的时间过短;若接种材料虽然没有污染,但材料已发黄,组织变软,表明消毒时间过长,组织被破坏死亡;接种材料若没有出现污染,生长正常,即可以认为消毒时间适宜。

【思考题】

1. 外植体用消毒剂消毒后,为什么要用无菌水漂洗?有时候会在消毒溶液中加入1~2滴的表面活性物质,例如Tween-80或Tween-20,为什么?

2. 在接种过程中,通过哪些措施来防止细菌对接种工具、接种材料的污染?

3. 对外植体表面消毒时为什么常用“两次消毒法”?
4. 常用的表面消毒剂有哪些种类?
5. 在开始无菌操作前,如何处理超净工作台台面?

实验五　愈伤组织的诱导与增殖

【实验目的】

学习诱导植物外植体形成愈伤组织的方法。掌握愈伤组织继代增殖的方法。

【实验原理】

愈伤组织(callus)原来是指植物受伤后于伤口表面形成的一团薄壁细胞,在植物组织培养中,愈伤组织是指在培养基上由外植体长出的一团无序生长的薄壁细胞。愈伤组织培养是植物组织培养中最常见的培养形式,因为除了一部分器官,如茎尖分生组织、原球茎外,其他各种组织培养往往都需要经过愈伤组织诱导与分化后才产生再生植株。植物激素是诱导愈伤组织形成的重要因素之一,对有些植物材料而言,生长素和细胞分裂素对保持愈伤组织的快速生长是必要的,特别是两者结合使用时,能更强烈的刺激愈伤组织的形成。愈伤组织的形成大约要经过启动期、分裂期和分化期 3 个阶段。旺盛生长的愈伤组织其质地有显著差异,可分为松脆型和坚硬型,两者可相互转化。影响愈伤组织诱导和培养的因素很多,有外植体类型、培养基类型和激素种类及配比。

【实验材料、仪器与试剂】

1. 实验材料

镊子、解剖刀、酒精灯、棉球、烧杯、广口瓶、培养皿。

银杏叶片、胡萝卜、甘薯无菌苗、长春花、喜树。

2. 实验仪器

超净工作台、光照培养箱、人工气候箱。

3. 实验试剂

0.1%氯化汞、酒精、次氯酸钠、无菌水、培养基母液、2,4-D、NAA、6-BA、水解酪蛋白(CH)。

【实验步骤】

1. 培养基配制

愈伤组织增殖培养基：MS+2,4-D 0.5 mg/L+CH 500 mg/L + 3%蔗糖+0.7%琼脂,pH 5.8。

诱导胡萝卜愈伤组织的培养基为：MS+2,4-D 1.5 mg/L+CH 500 mg/L+

3%蔗糖+0.7%琼脂,pH 5.8。

诱导银杏叶片愈伤组织培养基为：MS+NAA 1 mg/L+6－BA 0.1 mg/L+3%蔗糖+0.7%琼脂,pH 5.8。

诱导甘薯叶片愈伤组织培养基为：MS+NAA 0.1 mg/L+6－BA 1 mg/L+3%蔗糖+0.7%琼脂,pH 5.8。

诱导长春花愈伤组织培养基为：MS+NAA 0.1 mg/L+6－BA 1 mg/L+ 3%蔗糖+0.7%琼脂,pH 5.8。

诱导喜树愈伤组织培养基为：MS+NAA 5.0 mg/L+6－BA 0.5 mg/L+ 3%蔗糖+0.7%琼脂,pH 5.8。

2. 胡萝卜营养根外植体的切取

将胡萝卜块根在自来水下冲洗干净,用小刀切去外围组织。将胡萝卜切段,每段厚约 0.5 cm。把胡萝卜切段用无菌水漂洗干净,用 75%的酒精溶液浸泡 30 s。用 0.1%氯化汞浸泡 5 min、10 min、12 min,在浸泡过程中用镊子搅拌,以使消毒充分。浸泡过的胡萝卜切段用无菌水冲洗 3～5 次,洗去残留的氯化汞后切片。

胡萝卜营养根由外向内依次分为皮层、形成层和中轴三部分。在切片消毒之前首先除去皮层的最外层,以减少胡萝卜营养根的带菌量。形成层的分生能力最强,是产生愈伤组织的主要部分,因此在切片时应使每一个切片上都有形成层。

3. 银杏叶片外植体的切取

将新鲜银杏叶片在流水下冲洗干净。在超净工作台上将银杏叶片用刀片切成 2 cm×2 cm 的小块放于一培养皿中,用 75%的酒精溶液浸泡 30 s,无菌水冲洗 3 次,然后用 0.1%氯化汞溶液或 10%次氯酸钠溶液(加入吐温 2 滴)浸泡 3～10 min,再用无菌水冲洗 3～4 次,用无菌吸水纸吸干外植体表面水分备用。

4. 甘薯外植体切取

将甘薯茎段在流水下冲洗干净。在超净工作台上将甘薯茎段切成 2 cm 切段放于一培养皿中,用 75%的酒精溶液浸泡 30 s,无菌水冲洗 3 次,然后用 0.1%氯化汞溶液或 10%次氯酸钠溶液(加入吐温 2 滴)浸泡 3～10 min,再用无菌水冲洗 3～4次,用无菌吸水纸吸干外植体表面水分备用。

5. 长春花外植体的切取

先将长春花种子用 75%乙醇浸泡 1 min,再用 2% NaClO 浸泡 10 min,无菌水冲洗 3～4 次,用无菌吸水纸吸干表面水分,接种于无激素的 MS 固体培养基中,25℃,12 h/12 h 光照条件下培养,即可获得长春花无菌苗,待苗长至 5 cm 左右后,切取叶片和茎段用于愈伤组织诱导。

6. 喜树外植体的切取

用剪刀剪掉喜树种子两端少许，用75%乙醇浸泡1 min，再用2% NaClO浸泡10 min，无菌水冲洗3～4次，用无菌吸水纸吸干表面水分，接种于无激素的MS固体培养基中，25℃，12 h/12 h光照条件下培养，即可获得喜树无菌苗，待苗长至5 cm左右后，切取叶片和茎段用于愈伤组织诱导。

7. 外植体的接种

轻轻打开培养瓶封口膜，将培养瓶口在火焰上方灼热灭菌，同时把枪型镊子也放在火焰上方灼烧，将烧过的镊子接触培养基或培养皿盖，使其冷却，以免烧死被接种的外植体，然后将培养皿打开一小缝，用镊子取出切好的胡萝卜切片、银杏叶片、甘薯茎段、长春花叶片和喜树叶片等外植体，接种到相应培养基表面，用镊子轻轻向下按一下，使切片部分进入培养基。在酒精灯火焰上转动培养瓶一圈使瓶口灼热灭菌。然后用封口膜封口，同时在牛皮纸上写上培养材料、培养基类型、激素浓度、接种日期和姓名等。

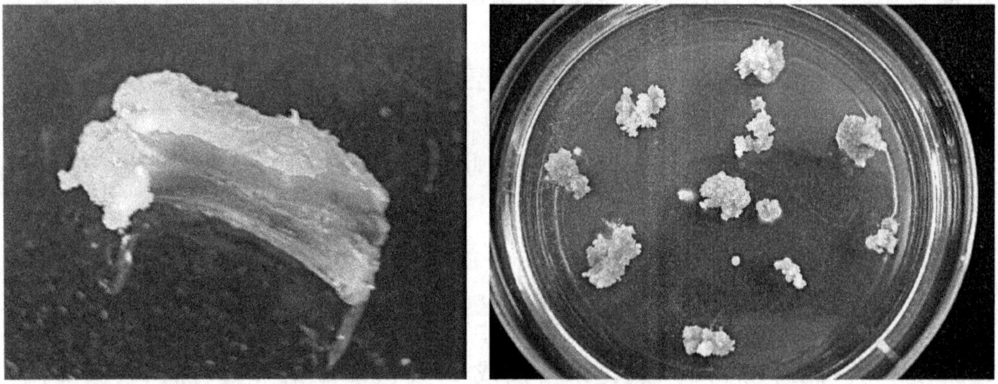

图5-1　银杏愈伤组织诱导

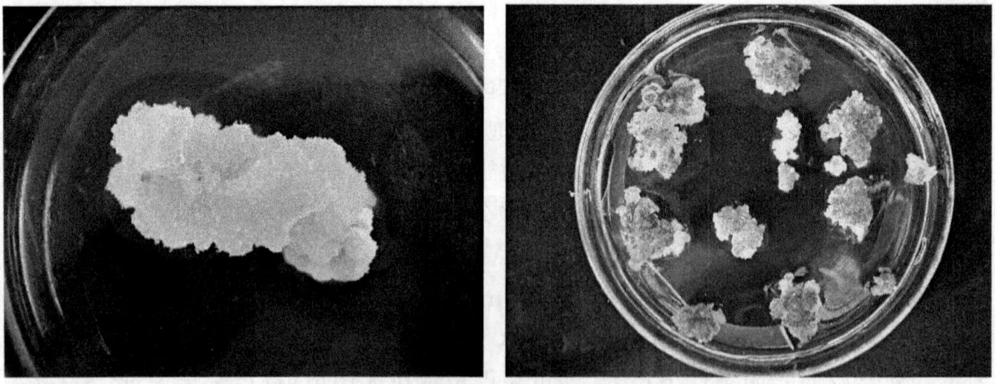

图5-2　长春花和喜树愈伤组织诱导

8. 培养条件

将接种的外植体放置于光照培养箱或黑暗条件下培养，温度 25±2℃，适当光照强度和光周期。每隔一定时间观察外植体伤口变化和诱导愈伤组织情况，统计愈伤组织诱导率、愈伤组织质地、颜色、大小等，并做好实验记录。

9. 愈伤组织继代培养

当愈伤组织长到一定大小的时候，用镊子夹取愈伤组织，接种到愈伤组织增殖培养基上，每 4～6 周继代一次。每隔一定时间统计愈伤组织生长速度。

【注意事项】

1. 消毒以后的所有操作过程，都应在超净工作台上进行，操作所用的镊子、解剖刀和剪刀使用前插入 75％乙醇溶液中，使用时在酒精灯火焰上炽烧片刻，冷却后再切割。

2. 植物生长调节剂是诱导愈伤组织形成的极为重要的因素，研究具体问题要设置一定的浓度梯度，以寻找最佳浓度。

3. 培养过程如果有的培养物被微生物污染，应当马上将其清理，以免影响其他培养物。

【实验报告】

1. 观察接种的外植体在接种 10 d、20 d、30 d 后产生愈伤组织的颜色和质地，计算愈伤组织诱导率。

愈伤组织诱导率(％)＝(形成愈伤组织的材料数/总接种材料数)×100％

2. 设计单因素实验、双因素实验或正交实验，研究 NAA 浓度、BA 浓度、2,4-D 浓度、蔗糖浓度、外植体类型对愈伤组织诱导率、愈伤组织生长的影响。

3. 设计实验确定愈伤组织诱导最佳培养基和最佳外植体。

【思考题】

分析影响愈伤组织诱导和分化的主要原因。

实验六　外植体不定芽的分化

【实验目的】

了解外植体不定芽分化的原理，学习不定芽分化的诱导方法。

【实验原理】

愈伤组织在离体培养过程中，组织和细胞的潜在发育能力可以在某种程度上得到表达，伴随着反复的细胞分裂，又开始新的分化。将脱分化的细胞团或组织重新分化而产生出新的具有特定结构和功能的组织或器官的一种现象，称为再分化。在一定的培养条件下，愈伤组织通过分化可以形成不定芽、不定根甚至胚状体，继而发育成完整的植株。不定芽分化一般分为直接不定芽分化和间接不定芽分化。直接不定芽发生是指不经过愈伤组织阶段直接从外植体分化出不定芽；间接不定芽分化是指外植体先经过脱分化产生愈伤组织，再分化形成不定芽和不定根的过程。不定芽分化的影响因素有品种基因型、材料生理状态、光照、温度、湿度等。

【实验材料、仪器与试剂】

1. 实验材料

镊子、酒精灯、棉球。

胡萝卜愈伤组织、甘薯无菌苗、长春花无菌苗。

2. 实验仪器

超净工作台、光照培养箱、人工气候箱。

3. 实验试剂

培养基母液、6－BA、NAA、IBA、蔗糖、琼脂。

【实验步骤】

1. 配制胡萝卜生芽和生根培养基

分化培养基(生芽)：MS＋6－BA 1 mg/L＋NAA 0.1 mg/L＋蔗糖 3%＋琼脂 0.7%，pH5.8。

生根培养基：1/2 MS＋IBA 1 mg/L＋蔗糖 3%＋琼脂 0.7%，pH5.8。

2. 外植体接种

按照无菌操作，小心挑取诱导的胡萝卜愈伤组织，放置到分化培养基中。

3. 不定芽分化

放置于光照培养箱或培养室中培养，10～20 d 后统计愈伤组织分化情况，计算不定芽分化率和分化数量。

分化率(%)=(生芽愈伤组织块数/接种愈伤组织总块数)×100%

4. 不定根诱导

用解剖刀从根部切取已分化的不定芽，插入到生根培养基中，观察不定根诱导情况，10～20 d后统计不定根的诱导率、不定根数量、不定根长度和粗细。

生根率(%)=(生根愈伤组织块数/接种愈伤组织总块数)×100%

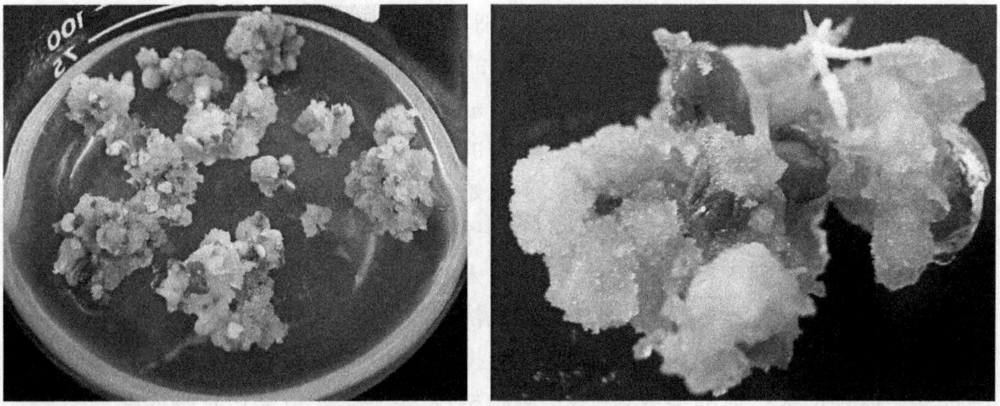

表 6-1　分化的绿色芽点

【实验报告】

1. 观察记录外植体不定芽分化的诱导率和不定芽数量。
2. 观察记录不定根的发生频率、不定根的长度、数量和粗细。

【思考题】

愈伤组织分化产生不定芽和不定根的能力与哪些因素有关？

实验七　常见植物离体快繁技术

【实验目的】

掌握利用叶片、茎段、鳞茎等作为外植体进行无性快速繁殖的原理和方法。

【实验原理】

目前用组织培养实现无性系的离体快速繁殖主要适用于以下几种类型的植物：① 用于加速较难繁殖或繁殖速度慢的植物的繁殖，如一些名贵花卉和需要发展的珍稀濒危植物；② 某些植物用常规方法虽容易繁殖，但很容易感染病毒（如香石竹、百合、草莓、马铃薯及一些果树）；③ 有些杂合的园艺植物（如非洲菊、花烛等），无很好的常规营养繁殖方法，用种子繁殖时又不能始终得到性状均一的个体，用组织培养方法就可迅速实现无性系的快速繁殖；④ 用于需要加速繁殖的特殊基因型。如由常规育种或通过生物工程产生的新品种；国外引入的少量植物材料；果树中的优良芽变和木本植物的优选单株；雌雄异株植物中有经济性状或经济性状较好的植株（如猕猴桃的雌株、毛白杨的雄株）的加速繁殖，以减少投入应用和市场所需的时间；还可用于育种过程中需要迅速扩大的某些自交系、原始材料、杂种子代以缩短育种周期。

用组织培养进行无性系的快速繁殖在国内外已得到广泛的应用，现在已有数十种植物可以通过组织培养实现商品化的大规模生长。香石竹、唐菖蒲、非洲菊、花烛、百合、菊花、兰花、非洲紫罗兰、杜鹃、大岩桐、某些蕨类植物和观叶植物、草莓、芦笋、香蕉、甘蔗、桉树等，利用植物组织培养的快繁技术进行苗木的工厂化生产已经成为一种新兴的产业。

无性系的快速繁殖一般可分为四个阶段：① 无菌培养物的建立；② 不定芽的增殖；③ 不定根的诱导；④ 试管苗炼苗和移栽。

【实验材料、仪器与试剂】

1. 实验材料

镊子、酒精灯、棉球、三角瓶、培养皿、解剖刀、珍珠岩、蛭石、营养钵、炼苗盘、温室、塑料大棚。

烟草、月季、芦荟、番茄、玫瑰、百合、长春花、甘薯等。

2. 实验仪器

超净工作台、光照培养箱、人工气候箱、温室大棚。

3. 实验试剂

MS培养基各种母液、2,4－D、KT、6－BA、NAA、IAA、蔗糖、琼脂、酒精、氯化汞、$AgNO_3$。

【实验步骤】

1. 烟草叶片组织培养

(1) 培养基的配制

愈伤组织诱导培养基：MS ＋ 2,4－D 1.0 mg/L＋ NAA 2.0 mg/L ＋KT 0.5 mg/L。

愈伤组织分化培养基：MS ＋KT 2.0 mg/L ＋IAA 0.5 mg/L。

幼芽增殖培养基：MS＋6－BA 1.0 mg/L ＋ NAA 0.2 mg/L。

生根培养基：MS ＋ NAA 0.2 mg/L。

上述培养基均附加3%蔗糖,0.8%琼脂,pH5.8。

(2) 接种

取烟草幼嫩叶片用自来水充分洗净后,经75%酒精消毒30 s，0.1%氯化汞溶液浸泡8 min,无菌水冲洗5～6次后,去掉主叶脉和大的侧叶脉,将叶片切成1.0～1.5 cm^2的小方块,接入愈伤组织诱导培养基 MS ＋ 2,4－D1.0 mg/L ＋ NAA 2.0 mg/L ＋KT0.5 mg/L 中培养,接种时下表皮与培养基接触。培养温度25±2℃,光照14 h/d,光照强度2 000 lx。每三角瓶接种3～5个外植体。

(3) 愈伤组织的诱导

外植体培养2～3 d后,叶片外植体卷曲、伤口处增厚、膨胀,15 d后外植体脱分化形成疏松絮状浅黄绿色的愈伤组织。

(4) 愈伤组织的分化

将愈伤组织转接到愈伤组织分化培养基 MS ＋KT 2.0 mg/L ＋IAA 0.5 mg/L上,15 d后,从疏松愈伤组织上分化出许多浅黄绿色芽点。40 d后,从愈伤组织上分化出越来越多幼芽。

(5) 幼芽的增殖

将幼芽切下,转接至不加2,4－D的幼芽增殖培养基 MS＋6－BA 1.0 mg/L ＋ NAA 0.2 mg/L上,幼芽可不断增殖,发育成绿色健壮的小苗。

(6) 诱导生根及移栽

取3～4 cm长的无根小苗接种于生根培养基 MS ＋ NAA 0.2 mg/L中,7～8 d后,外植体从其基部产生白色幼根,当试管苗长至5～6 cm

图7－1　烟草叶片不定芽的分化

高时，打开瓶口，在散射光下放置 2 d 后取出，洗去根部残留培养基，种植于经过消毒的珍珠岩、泥炭土和菜园土等量混合的基质中，成活率可达 95%以上。

2. 月季离体快繁技术

(1) 培养基的配制

增殖培养基：MS+6 - BA 1.5 mg/L +NAA 0.1 mg/L +蔗糖 3%+琼脂 0.7%。

图 7 - 2　烟草再生植株移栽

生根培养基：1/2MS+IBA 0.5 mg/L +蔗糖 3%+琼脂 0.6%。

(2) 外植体的获得

选用月季嫩茎为材料，取带芽的茎段，一般以顶端以下第 3～10 节上的芽为好，采回枝条剪去叶柄，再剥去附在茎上的皮刺，然后用自来水冲洗枝条表面的尘土，然后把枝条段截成 2～3 cm小段，每段带 1～2 个侧芽，用 70%酒精灭菌 20 s，再用 0.1%氯化汞溶液浸泡 10 min，再用无菌水冲洗 4～5 次。

(3) 不定芽分化

将灭菌的材料在无菌培养皿中切成 0.5 cm 的小段，接种到灭菌的分化培养基 MS+6 - BA 1.5 mg/L +NAA 0.1 mg/L 上。24～26℃培养，光照时间 8～10 h，光照强度1 200 lx，2 周后可分化出不定芽。

(4) 不定芽继代

将分化的不定芽分割继代，接种到增殖培养基 MS+6 - BA 1.5 mg/L +NAA 0.1 mg/L 上继代培养。

(5) 生根培养

选取苗长 2 cm 以上的分化壮苗作为生根材料，接种到生根培养基 1/2MS+IBA 0.5 mg/L 上，一般在接种后一周开始观察，约 10 d 后发现有少量苗生根，20 d 后即可移栽。

(6) 再生植株移栽

将培养有试管苗的三角烧瓶瓶盖打开，在温室中炼苗 2 d 左右，然后取出试管苗，洗去根部琼脂，移栽至盛有珍珠岩与细沙(1∶1)的花钵中，每天浇营养液，移栽成活率可达 80%以上。

3. 芦荟离体快繁技术

(1) 外植体的采集、灭菌

从田间或盆栽取回整株芦荟，用自来水冲洗干净外表泥土。剥去植株外

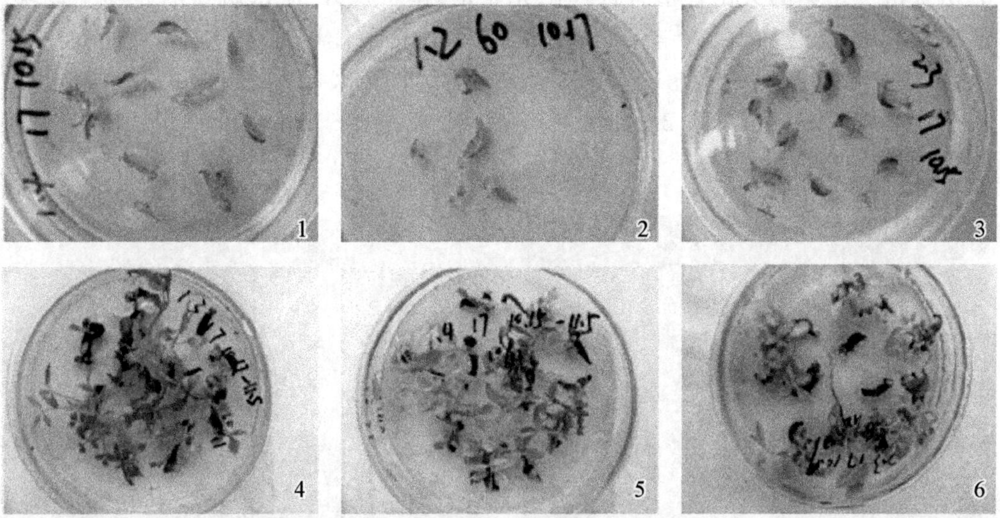

图 7－3　月季组织培养(引自赵倩,2008)

1～3：叶片再生初期;4～6：叶片再生后期成苗

层叶片及叶鞘,切掉植株根部和大部分叶片。用 75％酒精浸泡 15 s,再用 2％次氯酸钠消毒 12 min,最后用无菌水冲洗 4～5 次。把材料纵切成两小块,用于接种。

(2) 快繁技术

采用 MS 为基本培养基,附加蔗糖 3％、琼脂 0.5％以及不同种类和浓度的激素,pH5.8,培养温度 28±1℃,光照强度 2 000 lx,每天光照 10～12 h。

将切取的芦荟外植体接种在 MS＋6－BA 2 mg/L ＋NAA 0.1 mg/L 的初代培养基上,培养 15 d 后,顶芽开始生长。为减少褐色分泌物的影响,20 d 后转移到同样的新鲜培养基上,5～7 d 后腋芽萌动生长。20 d 后每个外植体可长出 3～4 个小芽。小芽长至 1～2 cm 时切成单芽,转入继代培养基 MS＋6－BA 2 mg/L ＋IBA 0.1 mg/L。30 d 后形成丛生芽,每丛有 6～8 个小芽。以后可多次分割继代增殖。将长 2～3 cm 的单芽,转入生根培养基 1/2MS＋NAA 3 mg/L ＋0.3％活性炭,15 d 后即可生根。30 d 后,组培苗株高 7～10 cm,叶片 3～5 张,叶色浓绿,有粗壮白根 4～6 条,根长 2～5 cm。炼苗一周后可移栽。

(3) 移栽和栽培管理

移栽前 3 d,打开瓶盖,让组培苗逐渐适应外界气候。小心地把苗从培养瓶中取出,洗净基部培养基,移栽于塑料筛或沙床中。栽培基质按塘泥：腐殖土：河砂：珍珠岩为 2：1：1：1 混合配制。掌握移栽深度“深不埋心,浅不露根”,保持空气温度 70％～80％,移栽成活率达 80％以上,小苗移栽成活后即可上盆种植或大田栽植。芦荟的大田种植宜选择阳光充足、排水良好、肥沃疏松的砂壤土地块。多施农家肥，防止清水。芦荟的组培繁殖很快。在最佳培养基和培养条件下，一年内，由 1 株可繁殖 10 000～12 000 株组培苗。组培苗大田种植半年左右，植株长高 20～30 cm，现市场价每株 2～3 元；一年后，株高 40～50 cm，叶片 12～15 张，市场价为每株 10～15 元。

A　B　C　D

图 7－4　中华芦荟组培快繁和移栽（引自周晓鹿，2007）

A. 愈伤组织的诱导；B. 多丛芽分化；C. 不定根的诱导；D. 再生植株移栽

4. 番茄离体快繁技术

（1）番茄种子萌发

将番茄种子用自来水冲洗 20 min，蒸馏水洗 2 次，然后用 10%的 NaClO 处理 20 min，而后用无菌水冲洗 5 次，无菌滤纸吸干表面水分，接种于无激素的 1/2 MS 培养基上。

（2）番茄外植体愈伤组织的诱导和不定芽的产生

待番茄下胚轴生长在 5 cm 左右时取材。取茎段、子叶作为外植体接种到 1/

2MS+6－BA 3.0 mg/L + NAA 0.2 mg/L 和 1/2MS+ 6－BA 2.0 mg/L + NAA 0.1 mg/L 分化培养基上，下胚轴及茎段长 0. 6 cm 左右，每片子叶切成 4 块。培养温度 25℃，光照强度 3 000 lx，光照时间为 14 h /d，接种 30 d 后可分化出绿色的小芽。

(3) 不定芽的继代增殖

将子叶和下胚轴切段产生的芽（带部分愈伤组织）接入继代增殖培养基 1/2MS + 6－BA 2.0 mg/L + NAA 0.1 mg/L 上，20 d 后芽基部出现新生的丛芽，其增殖系数约为 3。

(4) 番茄不定根的诱导

将长到 2～3 片叶的不定芽转移到 1/2 MS+NAA 0.1 mg/L 生根培养基上，1 周后不定芽根部可长出大量不定根。

(5) 番茄再生植株驯化移栽

待生根小苗长到 8 cm 左右，将培养瓶的瓶口打开，加少许水，炼苗 3 d 后取出，洗去根部培养基，将幼苗移栽到经高温灭菌的草炭和蛭石(3∶1)的混合基质中，盖上塑料薄膜保湿，在 25℃条件下光照培养，等小苗有新叶长出时，逐渐通风去掉塑料薄膜，使其正常生长发育。

5. 玫瑰离体快繁技术

(1) 外植体采集、灭菌

剪取玫瑰优良健壮株当年生枝条中段带侧芽的未木质化或半木质化茎段，用毛刷蘸肥皂水轻轻刷洗后流水冲洗 1～2 h，再剪成 1.0～1.5 cm 左右带腋芽的茎段；在超净工作台上，将茎段先用 70%酒精溶液浸泡 30 s，无菌水冲洗 2～3 次，再用 0.1%氯化汞溶液消毒 9～12 min，然后用无菌水冲洗 3～4 次，以备接种。

(2) 离体芽的诱导培养

将无菌茎段接种于诱导培养基 MS+6－BA 3 mg/L+2，4－D 2 mg/L+NAA 0.4 mg/L 上诱导萌芽，外植体培养温度 23±2℃，光照强度 2 000～2 500 lx，光照时间 10～12 h/d。接种 4 周后开始分化出不定芽。

(3) 丛生芽的继代增殖培养

将诱导培养基上已萌发的嫩芽切下，转接到丛生芽增殖继代培养基 MS+6－BA 1.00 mg/L +NAA 0.10～0.20 mg/L 上进行继代增殖。培养 3 周后，增殖的丛生芽多，且芽生长健壮，芽的增殖倍数可达 5 倍。

(4) 试管苗的生根培养

选取继代培养中生长健壮的丛生芽，剪成 1.2～1.5 cm 长的单芽茎段，转接到生根培养基 1/2MS+NAA 1 mg/L 上。15 d 后根系发达，发育良好，生根率可达 85%以上。

(5) 生根试管苗的驯化移栽

将生根试管苗放在室外光线明亮的地方，闭瓶炼苗 2～3 d，再逐渐开瓶炼苗 2～3 d，让植株经受试管外环境的锻炼后取出试管苗，洗净基部粘附的培养基，移植于草炭土：粗沙：珍珠岩为 1：1：1 的基质中，浇浓度为 0.8 g/kg 多菌灵溶液，遮阴保湿，空气湿度保持在 60%～70%，当植株萌发新根后让其逐渐见光，并降低湿度，直至暴露在外界条件下，移栽成活率可达 85%以上。

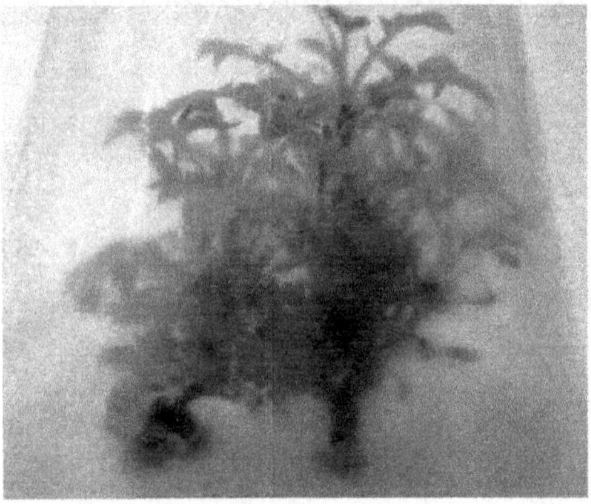

图 7-5 玫瑰组织培养(引自杨志，2004)

6. 百合离体快繁技术

(1) 外植体消毒

剪取百合新鲜鳞茎，用洗衣粉和流水冲洗 1～2 h，在超净工作台上，将鳞茎先用 70%酒精溶液浸泡 30 s，无菌水冲洗 2～3 次，再用 0.1%氯化汞溶液消毒 9～12 min，然后用无菌水冲洗 3～4 次，以备接种。

(2) 离体芽的诱导培养

将无菌的百合鳞茎放在无菌的培养皿中，用解剖刀剥离鳞片，切成 0.5 cm×0.5 cm大小的鳞片，接种于诱导培养基 MS+6-BA 0.5 mg/L+NAA 0.1 mg/L 上诱导不定芽，外植体培养温度 23±2℃，光照强度 2 000～2 500 lx，光照时间10～12 h/d。接种 1 周后，鳞片上会出现小突起，继续培养，可分化出不定芽或丛生芽。

(3) 丛生芽的继代增殖培养

将诱导培养基上已萌发的嫩芽切下，转接到丛生芽增殖继代培养基 MS+6-BA 1.0 mg/L +NAA 0.1 mg/L 上进行继代增殖。培养 4 周后可形成丛生芽，增殖的丛生芽多，且芽生长健壮。

(4) 试管苗的生根培养

选取继代培养中生长健壮的丛生芽，剪成 1.2～1.5 cm 长的单芽茎段，转接到生根培养基 1/2MS+NAA 0.2 mg/L 上。15 d 后根系发达，发育良好。

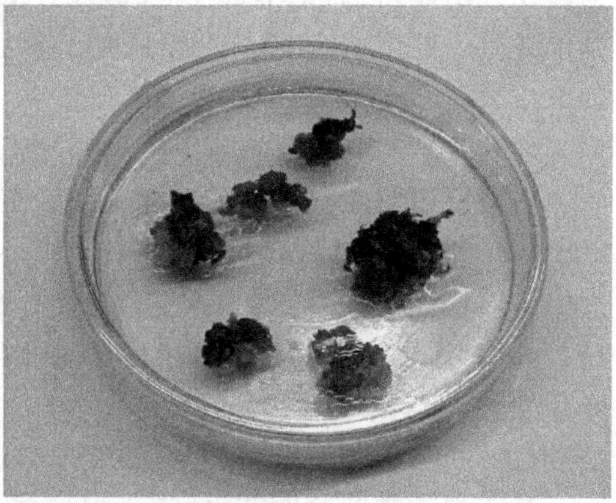

图 7-6　百合鳞片愈伤组织诱导和不定芽分化

(5) 生根试管苗的驯化移栽

将生根试管苗放在室外光线明亮的地方，闭瓶炼苗 2～3 d，再逐渐开瓶炼苗 2～3 d，让植株经受试管外环境的锻炼后取出试管苗，洗净基部粘附的培养基，移植于珍珠岩∶沙子为 1∶1 的基质中，当植株萌发新根后让其逐渐见光。

图 7-7　百合再生试管苗

图 7-8　百合再生植株移栽

7. 甘薯离体快繁技术

(1) 无菌试管苗的建立

从田间剪取甘薯品种茎蔓，去掉叶片和叶柄，剪成长度 2～3 cm 且带顶芽或具茎节的切段。经自来水和餐具洗涤剂清洗后，用 75%酒精浸泡 30 s，0.1%氯化汞($HgCl_2$)(含 0.2%吐温-20)消毒 10 min，无菌水冲洗 4 次。随后在无菌条件下，切除切段端部的创伤面，使其长度为 1～2 cm，再用无菌滤纸吸干表面水分，以此作为起始外植体，扦插于不含任何激素的 MS 固体培养基中，且使顶芽或节露出培养基。并置于温度 28±1℃，光照强度 2 000 lx 的恒温光照培养箱中培养，每日光照 16 h。

(2) 器官分化

取经上述培养获得的甘薯无菌试管苗，在无菌条件中下将茎段、叶柄切成 3～5 mm 长，叶片切成约 3 mm×3 mm 的小块，以作为外植体。接种到 MS+NAA 1.0 mg/L+$AgNO_3$ 6 mg/L 的不定芽分化培养基上，甘薯外植体连续培养 20 d 后，在外植体表面即开始出现不定芽的分化。茎段外植体分化不定芽的频率最高，叶片次之，叶柄最差。

(3) 不定根的诱导

从不定芽基部剪取芽，插于生根培养基 1/2 MS+NAA 1.0 mg/L 培养基中，7 d左右可见不定根的分化。

(4) 再生植株移栽

打开培养瓶，将再生的甘薯完整植株轻轻拔出，洗净基部粘附的培养基，移植于珍珠岩：沙子为 1：1 的基质中。甘薯移栽成活率很高，可达 100%。

图 7-9　甘薯外植体不定芽的分化

A. 不定根分化；B. 不定芽分化；C. 茎段外植体不定芽分化；D. 叶片外植体不定芽分化；E. 叶柄外植体不定芽分化；F. 甘薯再生植株移栽

8. 长春花离体快繁技术

(1) 无菌试管苗的建立

先将长春花种子用75%乙醇浸泡1 min，再用2% NaClO浸泡10 min，无菌水冲洗3～4次，用无菌吸水纸吸干表面水分，接种于无激素的MS固体培养基中，25℃，12 h/d光照条件下培养，即可获得长春花无菌苗，待苗长至5 cm左右后，切取叶片和茎段用于组织培养实验。

(2) 愈伤组织诱导

取经上述培养获得的长春花无菌试管苗，在无菌条件下将茎段、叶柄切成3～5 mm长，叶片切成约3 mm×3 mm的小块，以作为外植体。接种到愈伤组织诱导培养基MS+6-BA 2.0 mg/L+NAA 0.3 mg/L上，30 d后可诱导出淡黄色、表面鲜亮、质地居中、不均匀的愈伤组织块。

(3) 不定芽分化

将诱导的愈伤组织继续在MS+6-BA 2.0 mg/L+NAA 0.3 mg/L培养基上继代培养，15 d后可见愈伤组织表面产生浅绿色小体，20 d之后，浅绿色小体渐渐出现芽点，这些绿色的芽点在开始的时候很小，但它经过不断地生长分化，最终成芽；再经过20 d左右，浅绿色小体生长分化成的芽可长至2 cm高。

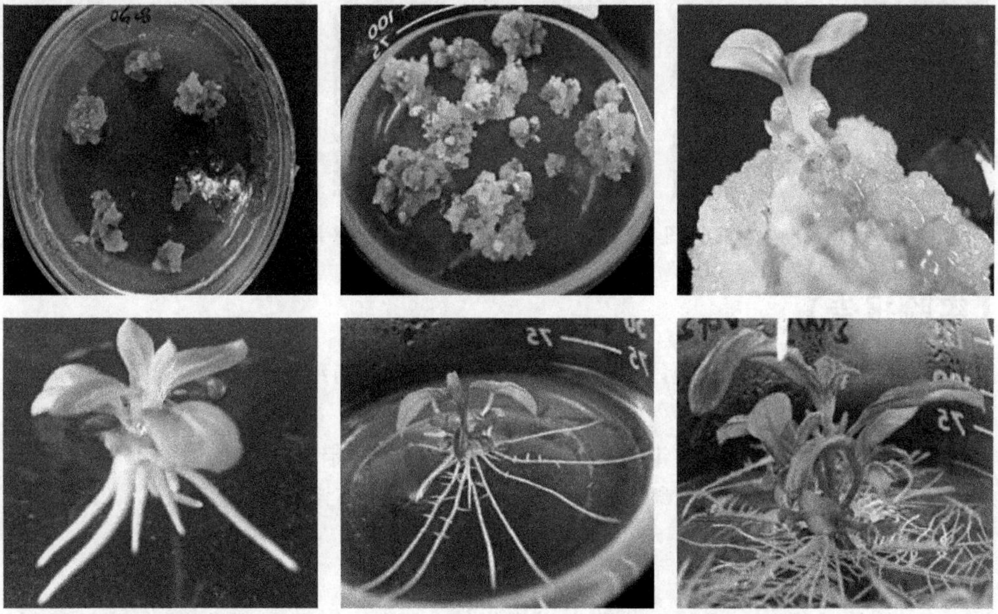

图7-10　长春花愈伤组织诱导、不定芽和不定根的分化

(4) 不定根的诱导

切取高2～3 cm的芽体，接种到生根培养基(1/2MS+NAA 0.3 mg/L，2%蔗

糖,0.7%琼脂,pH 调至 5.8)上,7 d 左右可见不定根的分化。

(5) 再生植株移栽

当长春花再生植株长到一定程度的时候,将广口培养瓶瓶盖稍稍打开,继续在光照培养箱中培养炼苗;3～4 d 后,将广口培养瓶瓶盖彻底打开,使广口培养瓶敞口,并加入适量蒸馏水,以恰能浸没根部为宜,继续在光照培养箱中培养;在光照培养箱中放置 10 d 左右之后,用镊子将植株小心地从广口培养瓶中取出,用流水将根系上的培养基冲洗干净。由于小苗的根系十分脆、嫩,清洗时动作要轻,尽量在水中漂洗。之后放入蒸馏水中,置于光照培养箱中继续炼苗。蒸馏水无需太多,以浸没根为宜,注意隔天换水,一经发现根部长霉应及时用蒸馏水冲洗。

再生植株在蒸馏水中炼苗培养约 20 d 后,便将炼苗成活的植株移栽到由泥土和珍珠岩混合的花盆中。将种有植株的花盆继续放于光照培养箱中培养,并注意给植株适量浇水;大约在光照培养箱中培养 1 星期后,给移栽的长春花适度的自然光照,第一天光照 1 h,以后每天自然光照的时间可适当延长;约 10 d 之后,可将移栽的长春花移出培养箱而放于自然环境下生长。观察植株生长情况并统计成活率。

图 7 - 11　长春花再生植株炼苗移栽

【实验报告】

1. 采用单因子实验设计不同激素浓度对植物愈伤组织诱导、不定芽分化和不定根分化的影响。

2. 统计各种植物愈伤组织诱导、不定芽分化和不定根分化的时间。

3. 统计不定芽分化的频率和每个外植体分化的不定芽个数。

【思考题】

1. 如何采用正交设计方法研究激素类型、外植体类型和蔗糖浓度等因素对植物愈伤组织诱导、不定芽分化的影响?如何进行统计分析?

2. 试管苗为什么需要经过炼苗才能移栽到大田?

3. 如何提高植物试管苗移栽成活率?

实验八　茎尖脱毒技术

【实验目的】

掌握利用茎尖进行脱毒培养的原理和方法。掌握脱毒苗的鉴定方法。

【实验原理】

近年来，植物病毒病的危害日益严重，病毒种类已超过500种。多数农作物，特别是无性繁殖作物，都易受到一种或一种以上病毒的周身侵染。在植物中病毒的存在会减少作物的产量和使品质变劣，对于无性繁殖的植物，病毒可通过营养器官传给后代，日积月累，使植物品种退化，因此根除病毒是非常必要的。虽然通过杀菌剂的处理，可以治愈受细菌和真菌侵染的植物，但现在还没有什么药物处理可以治愈受病毒感染的植物。

目前，对病毒病的治疗尚无有效的方法，常用的方法有：① 是物理方法，如用X射线、紫外线、超声波及高温处理使病毒钝化，其中以高温处理（35～40℃处理几十分钟至几个月）最为常用；② 是化学方法，孔雀绿、硫尿嘧啶、8-氮鸟嘌呤及蛋白质、核酸合成抑制剂都能抑制病毒的复制，但这些药物都能伤害寄主而不能在生产上应用。利用茎尖分生组织培养，并结合热处理是目前病毒病最有效的防治方法，并具有对几乎所有病毒都有效、周期短、效率高的优点。

病毒在植物体内的分布是不均匀的。在受侵染的植物中，顶端分生组织一般是无病毒的，而较老的组织中，病毒数量随着与茎尖距离的加大而增加。茎尖分生组织培养能获得无病毒植株的主要原因是：① 在一个植物体内，病毒易于通过维管系统而移动，但在分生组织中不存在维管系统。病毒在细胞间移动的另一个途径是通过胞间连丝，但它的速度很慢，难以追赶上活跃生长的茎尖；② 在旺盛分裂的分生细胞中，代谢活性高，使病毒无法进行复制；③ 茎尖中存在高水平内源生长素，可抑制病毒的增殖。

通过茎尖分生组织培养获得的植株是否以脱除病毒，还必须通过病毒学检测才能确定。病毒的检测方法有：目测法、指示植物法、血清学检测法、电镜观察法和分子生物学检测法。

【实验材料、仪器与试剂】

1. 实验材料

镊子、酒精灯、棉球、三角瓶、培养皿、解剖刀、解剖针、封口膜、塑料袋、滤纸、加样器、硝化纤维素膜。

马铃薯、甘薯、菊花、草莓、巴西牵牛。

2. 实验仪器

光照培养箱、人工气候箱、超净工作台、解剖镜。

3. 实验试剂

MS 各种母液、6 - BA、NAA、GA_3、75% 酒精、琼脂、0.1% 氯化汞、蔗糖、SPFMV 抗体、GAR IgG - AP 酶标抗体、DAS - ELISA 检测试剂盒。

TBS pH7.5：用 1 995 ml 蒸馏水溶解 Tris 4.84 g、NaCl 58.44 g。加入 5 ml 18.5%的 HCl 溶液，混合均匀。

提取缓冲液：用 500 ml TBS 溶解 Na_2SO_3 1.0 g。

封闭溶液和抗体缓冲液：用少量 TBS 溶解脱脂奶粉 4.8 g，再加入 TBS 定容至 240 ml。取其中的 120 ml 并加入 2.4 ml Triton X - 100，混合均匀(即为封闭溶液)。其余的 120 ml 是抗体缓冲液。

酶标缓冲液：用少量 TBS 溶解脱脂奶粉 2.4 g，再加入 TBS 定容至 120 ml。

T - TBS 洗涤缓冲液：取 Tween - 20 0.25 ml，均匀混合于 500 mlTBS 中。

底物缓冲液(SB)pH9.6：用 100 ml 蒸馏水溶解 SB pH9.6，Tris 1.21 g、NaCl 0.58 g、$MgCl_2 \cdot 6H_2O$ 0.1 g 并加入 0.2 ml 18.5%的 HCl，混合均匀。

【实验步骤】

1. 马铃薯茎尖脱毒技术

(1) 将表面光滑的马铃薯切块，埋在湿润的沙土中在室温下催芽。

(2) 待芽长至 5～10 cm 时，将发芽块茎放入 37℃的光照培养箱，光照时间 12 h/d，处理时间 28 d 左右。

(3) 剪取经过热处理的发芽块茎的茎尖 1～2 cm，用自来水冲洗 0.5 h，剥去外面的叶片。

(4) 在超净工作台上用 75%的酒精浸泡 30 s，无菌水冲洗 2 次，再用 0.1%的氯化汞浸泡 8～10 min，无菌水冲洗 3～5 次，用灭菌滤纸吸干水分，将茎尖放在灭菌培养皿中待用。

(5) 在超净台上，把装有已消毒茎尖的培养皿放在 40 倍解剖镜下，用尖镊子和解剖刀仔细剥离，直到出现圆滑生长点时，用灭菌解剖针切取 0.1～0.5 mm 带 1～2 个叶原基的茎尖，接种于茎尖分化培养基 MS＋GA_3 0.3 mg/L＋NAA 0.1 mg/L ＋6 - BA 0.2 mg/L ＋蔗糖 3%＋琼脂 0.7%上。

(6) 将接种好的茎尖移到培养室中，于 25℃、3 000 lx 培养，5～7 d 茎尖转绿，40～50 d 成苗。

(7) 病毒检测。主要用 DAS - ELISA 或指示植物方法鉴定。

(8) 在无菌条件下，将试管苗切割成带一腋芽的茎段，接种在试管苗培养基 MS＋6 - BA 1.0 mg/L ＋蔗糖 3%＋琼脂 0.6%上。

(9) 当试管苗长高到 3～4 cm，具有 5～7 个浓绿色的小叶时进行移栽。在移栽前 4～5 d 开盖炼苗，然后取出苗，洗净根部培养基，将其移入珍珠岩基质。移栽时用镊子将基质压割成 1～2 cm 深的槽沟，覆上基质，用水浇湿，以便根部与土壤密接，易于成活。保持较高空气湿度，土壤不要过湿，光照应当充足，气温不宜超过 30℃。

(10) 当植株高度达到 10～15 cm，具有 5 片左右完全展开浓绿的复叶时移入田间。

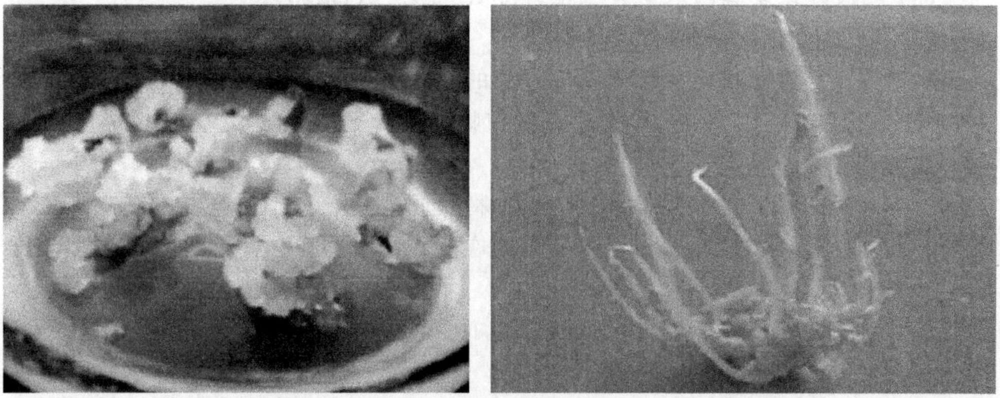

图 8-1　马铃薯愈伤组织诱导和不定芽的分化(引自黄雪丽，2009)

2. 甘薯茎尖脱毒技术

(1) 甘薯无菌苗的培养

选取当年收获无病虫害、色泽纯正、大小匀称、无裂痕的紫薯块根，在自来水下洗净，然后在 70%酒精中浸泡 2 min，无菌水冲洗数次，再置于 0.1% $HgCl_2$ 溶液中消毒 12 min，无菌水冲洗数次。在无菌超净工作台上将薯切成 0.5 cm×0.5 cm×0.5 cm 大小，接种于 MS 基本培养基上。当薯块萌芽，芽苗伸长为 0.5～1.0 cm 时，即可切割茎尖做脱毒材料。

(2) 脱毒茎尖培养

在无菌条件下先剥离茎尖上展开的大叶片，然后将茎尖置于体视显微镜下，用解剖刀一层一层剥落幼叶片，切取茎尖顶端分生组织在 0.2～0.4 mm 含 1～2 片叶原基，接种于诱导培养 MS+6-BA 0.1 mg/L + NAA 0.05 mg/L 上，培养 50 d 左右再转入分化增殖培养基 MS+ 6-BA 0.25 mg/L +NAA 0.2 mg/L 上可分化出不定芽。

(3) 不定芽快繁培养

获得无毒增殖芽后，将不定芽接种在 1/2MS+ IAA 0.25 mg/L + IBA 0.25 mg/L 培养基上，5 d 左右即可分化出不定根。当试管苗生长 3～5 cm 或更高时，切割茎段

1或2节作瓶内扦插繁殖，培养大量无根苗，25～30 d为一个继代周期，重复继代增殖培养。

(4) 生根苗诱导

试管苗根长2 cm以上便可考虑移栽。将试管瓶苗移出培养室后，打开瓶盖炼苗1～2 d，然后洗净琼脂移栽到营养钵或直接在田园地里炼苗。营养钵基质为泥炭：珍珠岩＝6：4，田园地以精耕细作表层添加营养基质即可。炼苗15～20 d便可定植。

(5) 硝酸纤维素膜酶联免疫吸附(NCM－ELISA)检测法

样品制备：

称取0.1 g脱毒试管苗叶片放于灭菌的塑料袋内，加1 ml提取缓冲液研磨叶片，室温下静置塑料袋30～40 min，直到植物汁液渗出。

点样：

1) 将一张干燥的滤纸放于实验台上，将膜放于其上。

2) 用加样器吸取0.1 ml上清液，滴在膜上方格的正中，依次将各样品点于膜上。

3) 将膜转到一张干燥的滤纸上，干燥15～30 min。

显色：

1) 加30 ml封闭液于培养皿中，将硝化纤维素膜以45°角浸入其中(避免产生气泡)，室温孵育60 min。取0.1 ml SPFMV抗体，在烧杯中与30 ml抗体缓冲液混匀，准备好第一抗体溶液。

2) 弃去封闭液并用TBS迅速漂洗，然后加抗体溶液于培养皿中，加盖并用封口膜或胶带密封以防蒸发，室温孵育过夜。

3) 弃去第一抗体液，在30 ml T－TBS中通过恒速振荡洗去未被结合的抗体，共洗4次，每次3 min。同时用30 ml酶标抗体缓冲液稀释0.05 ml GAR IgG－AP酶标抗体，准备好酶标抗体溶液。

4) 弃去T－TBS，加入酶标抗体溶液，孵育1 h。

5) 弃去酶标抗体溶液，用30 ml T－TBS洗膜，共洗4次，每次3 min，将未结合的酶标抗体洗去。在最后一次洗涤时制备NBT/BCIP底物溶液(显色反应溶液)。用干净吸管取50 μl NBT和25 μl BCIP原液加到25 ml底物缓冲液中(先加NBT然后加BCIP)，即为显色反应溶液，剩余的NBT和BCIP原液于40℃下保存。

6) 弃去最后一次的洗涤液加入显色反应溶液，反应5～30 min。阳性反应表现出不同程度的紫色。如果在这段时间内没有可观察到的反应，反应就不会再发生了并且背景反应将开始出现。

7) 弃去显色反应溶液终止反应，将膜在蒸馏水中浸泡10 min，中间至少换两次水。

8）将膜置于滤纸上干燥，保存时用两张干滤纸夹住。

（6）指示植物嫁接法

以长出 3～5 片真叶的巴西牵牛作砧木，用酒精消毒的刀片在基部茎上以 15°角斜切茎 2/3 深度。取经 ELISA 检测证明无毒的试管苗 10 株，将茎尖基部削成楔形嵌入巴西牵牛切口内，韧皮部对齐，用纸条卷紧，扎好（图 8－3），用塑料袋罩 5～7 d，嫁接后 15 d 左右，观察巴西牵牛症状，包括褪绿斑、明脉、叶片皱缩等现象。

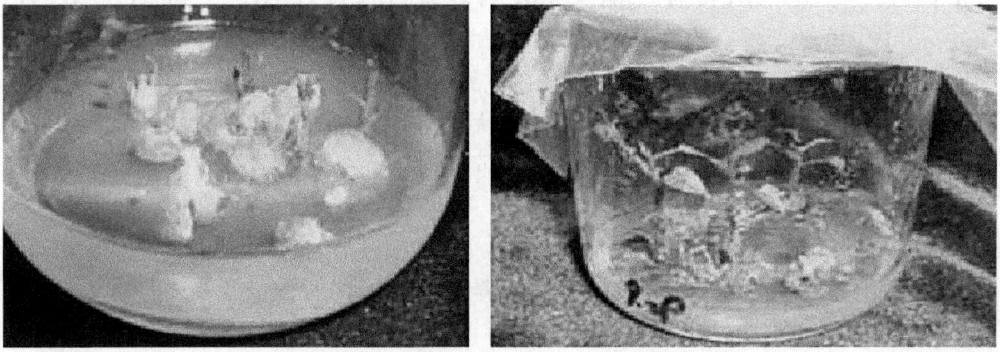

图 8－2 甘薯茎尖分生组织培养（引自蒋明权，2004）

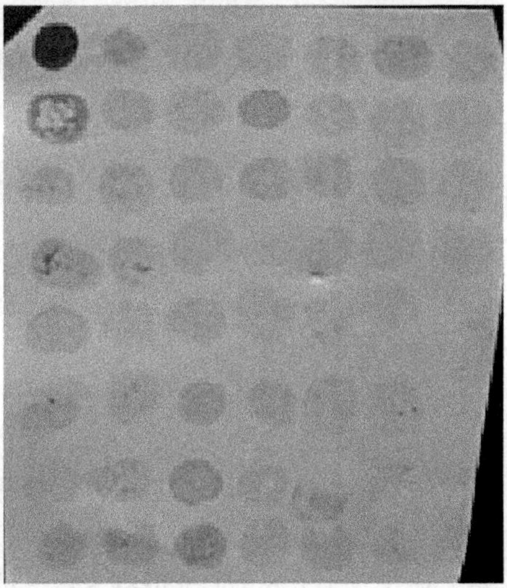

图 8－3 甘薯试管苗 SPFMV NCM－ELISA 分析（引自王宇，2005）

图 8－4 试管苗嫁接巴西牵牛（引自王宇，2005）

3. 菊花茎尖脱毒技术

（1）外植体的获得

用剪刀剪取生长健壮正常的菊花带顶芽茎段，长约 2 cm，于流水中冲洗

30 min，去掉表面泥土，在超净工作台内将材料放入75%酒精中浸泡30～45 s，然后用0.1% $HgCl_2$ 消毒7～10 min，无菌水浸洗4～5次，材料放入无菌的铺有滤纸的培养皿内。

(2) 诱导侧芽生长

在40倍解剖镜下，用接种针将菊花顶芽外面的幼叶小心依次剥掉，直至在解剖镜下能看清表面光滑、呈圆锥形的茎尖为止，再用已灭菌的解剖刀割取茎尖组织，长0.5～0.6 mm，接种于侧芽生长培养基MS＋NAA 0.1 mg/L＋6－BA 5.0 mg/L＋蔗糖3%＋琼脂0.7%上。

(3) 茎尖培养

将接种茎尖置于暗处培养1～2 d，然后转移至光照培养箱中培养，经过10 d左右的培养，菊花茎尖颜色逐渐变绿，基部逐渐增大，茎尖也逐渐伸长，一般25 d后，可诱导出丛生芽。

(4) 继代培养

将丛生芽切割下，分开接种于增殖培养基MS＋GA_3 3 mg/L＋6－BA 6.0 mg/L＋蔗糖3%＋琼脂0.7%上，一般15 d后可长出丛生芽，取丛生芽在相同培养基上继代，则可在更短的时间内(约10 d)长出丛生芽，继代培养次数越多，从接种到长出丛生芽所需的时间越短，但不短于7 d，若不及时转接，芽苗会迅速长高。

(5) 不定根诱导

取长2～3 cm的芽苗分开接种于生根培养基1/2MS＋NAA 0.1 mg/L＋蔗糖3%＋琼脂0.7%上，进行诱导不定根的发生，10 d左右就可出现大量小根，最后有1～6条根可长得较长，芽苗也迅速长高。

(6) 试管苗的移栽

在芽苗生根后，先将瓶塞打开，让其由无菌环境转至有菌且湿度较低的环境之中约3 d，将苗取出，小心用流水洗去根表面的培养基残留物，移栽到沙土中，适当遮阴，一星期后即可成活，成活率达95%以上，一个月后即可上盆。

4. 草莓茎尖脱毒技术

(1) 培养基的配制

① 初代生长培养基为：MS＋NAA 0.2 mg/L＋6－BA 2.0 mg/L＋蔗糖3%＋琼脂0.7%；

② 增殖培养基为MS＋NAA 0.1 mg/L＋6－BA 1.0 mg/L＋蔗糖3%＋琼脂0.7%；

③ 生根培养基1/2MS＋IAA 0.2 mg/L＋IBA 0.5 mg/L ＋蔗糖3%＋琼脂0.7%。

(2) 外植体的获得

剪取生长旺盛的草莓茎蔓作为茎尖培养材料。剪取3～5 cm草莓茎蔓，用流水冲洗 1 h，然后在超净工作台上用 75%酒精消毒 1 min，再用含 Tween－80 的 0.1%氯化汞消毒 5～10 min，无菌水浸洗 4～5 次，材料放入无菌的铺有滤纸的培养皿内吸干水分。

(3) 茎尖剥取接种

在 40 倍解剖镜下，将草莓茎蔓顶端放于无菌培养皿上，用解剖刀剥去外面的幼叶和叶原基，直至在解剖镜下能看清表面光滑的茎尖分生组织为止，再用已灭菌的解剖刀割取茎尖组织，长 0.2～0.5 mm，立即接种于初代生长培养基 MS＋NAA 0.2 mg/L＋6－BA 2.0 mg/L＋蔗糖 3%＋琼脂 0.7%上，放于光照培养箱中进行培养。

(4) 继代培养

初代培养基上培养 50～60 d 后，将形成的不定芽和丛生芽切割下，接种于继代培养基 MS＋NAA 0.1 mg/L＋6－BA 1.0 mg/L＋蔗糖 3%＋琼脂 0.7%之上，一般 15 d 后可长出丛生芽。

(5) 诱导生根

从基部剪取长 3～5 cm 的芽苗，接种于生根培养基 1/2MS＋IAA 0.2 mg/L＋IBA 0.5 mg/L ＋蔗糖 3%＋琼脂 0.7%上，进行诱导生根培养，10 d 左右就可出现大量不定根。

(6) 试管苗的移栽

在组培苗生根后，先将瓶塞打开，让其由无菌环境转至有菌且湿度较低的环境之中约 3 d，将苗取出，小心用流水洗去根表面的培养基残留物，移栽到草炭土：珍珠岩＝2：1 的基质中，炼苗成活后将苗移栽到苗圃，促发匍匐茎，在匍匐茎大量发生期间，人工引压匍匐茎，使其向各方向均匀分布，使早抽生的匍匐茎早扎根，减轻母体营养消耗，形成匍匐茎苗。

【实验报告】

统计茎尖分生组织分化不定芽的时间和频率。

【思考题】

1. 常用的病毒植株的鉴定方法有哪些？
2. 什么是脱毒苗？什么是无菌苗？两者有何区别？

实验九　马铃薯试管微型薯的诱导

【实验目的】

掌握利用马铃薯无菌苗进行微型薯诱导的方法。

【实验原理】

试管薯是在离体条件下，通过对培养条件及培养基的调整，诱导马铃薯脱毒试管苗在容器内形成的微型块茎。试管薯既是马铃薯种薯生产体系的关键技术环节之一，也是进行遗传转化的良好受体。离体条件下直接诱导试管微薯，大幅度提高微型种薯的繁殖效率，降低繁殖成本，实现工厂化生产脱毒原原种薯，可以加快脱毒马铃薯的繁殖，缩短种薯生产周期，从而大幅度提高马铃薯的产量。脱毒试管种薯具有品种纯度高、贮运性能好，增产幅度大，用种量小等优点，且无病无毒，易于机械化栽培。

马铃薯试管薯形成受多种因素影响，其中氮素水平、光照和温度是最重要的三个影响因素。高氮、高温抑制马铃薯块茎的形成，高光强、短日照、高糖促进马铃薯块茎的形成。激素也是影响马铃薯试管薯形成的重要因素。研究表明，赤霉素、茉莉酸、水杨酸、香豆素、硝酸银在马铃薯块茎形成中起调控作用。

【实验材料、仪器与试剂】

1. 试验材料

镊子、酒精灯、棉球、三角瓶、培养皿、解剖刀、滤纸、牛皮纸、脱脂棉。

2. 实验仪器

超净工作台、人工气候箱、光照培养箱。

3. 实验试剂

MS 各种母液、6－BA、水杨酸(SA)、酒精、氯化汞($HgCl_2$)、蔗糖。

【实验步骤】

1. 把经过检测不带病毒的小苗，切成带 1～2 个芽的茎段，转接于 30 ml 快繁液体培养基 MS＋6－BA 1.0 mg/L＋蔗糖 3%上，每瓶接 15～20 株，待小苗长至 10 cm 左右时，可以进行下次扩繁。固体支撑物为脱脂棉。

2. 在 2 000～3 000 lx 光照强度下 24 h 光照，25±1℃培养 40 d 左右。

3. 于试管苗 10～15 叶片，株高 10～15 cm 时，在无菌条件下加入 30 ml 诱导微薯培养基 MS＋6－BA 5 mg/L＋SA 0.5 mmol/L＋12%蔗糖，在 25℃下持续光

照培养 5 d，待长出大量侧芽后转入暗培养。

4. 在黑暗条件下，15±3℃下，诱导试管微型薯。

5. 20 d 后，培养温度升高到 25℃，每天光照 2～3 h，50 d 后采收微型薯。

图 9-1　马铃薯试管微型薯的诱导

【实验报告】

1. 统计水杨酸对紫色马铃薯微型薯诱导频率的影响。

2. 设计实验研究光照对紫色马铃薯微型薯诱导频率的影响。

【思考题】

1. SA 和蔗糖在马铃薯试管微型薯的诱导过程中起什么作用？

2. 影响微型薯诱导的因素有哪些？

实验十　成熟胚培养

【实验目的】

学习掌握成熟胚培养方法。

【实验原理】

胚培养在克服远缘杂交的不育性，使无生活力种子或胚发育不全的植物获得后代和克服种子休眠等方面具有重要应用价值。小麦是世界最重要的粮食作物之一，但利用现代生物技术进行改良小麦品种则相对滞后，其瓶颈在于小麦组培技术尚不成熟。小麦胚性细胞系的建立，是小麦遗传转化操作的主要技术基础，一直受到学者的广泛关注。前人已采用过小麦的多个部分如根、茎、叶、幼穗、幼胚和成熟胚等为外植体，研究了其愈伤组织诱导、细胞分化和植株再生情况，发现幼穗和幼胚愈伤组织具有较高的再分化能力。但幼穗、幼胚的取材易受季节的限制，而种子保存期长，容易获得，可用于较长时间的研究。但是成熟胚脱分化能力较弱，愈伤组织再分化能力差，但如果能改变种子的生理状态，提高其胚性愈伤组织的形成能力，无疑将大大促进小麦胚性细胞系的建立。低温处理具有促进种子从休眠状态转向萌发状态的效应。低温处理对小麦成熟胚愈伤组织的形成也有一定影响，可以提高其愈伤形成和分化能力。

【实验材料、仪器与试剂】

1. 实验材料

镊子、酒精灯、棉球、烧杯、广口瓶、无菌滤纸，小麦种子。

2. 实验仪器

超净工作台、光照培养箱、人工气候箱、解剖镜。

3. 实验试剂

MS培养基母液、2,4－D、6－BA、KT、吲哚乙酸(IAA)、腺嘌呤、天冬氨酸、谷氨酰胺、水解酪蛋白、蔗糖、琼脂、无菌水、75%乙醇、0.1%氯化汞。

【实验步骤】

1. 无菌材料的获得

将小麦种子在4℃冰箱中充分吸水。在超净工作台上用75%乙醇浸泡1 min，0.1%氯化汞浸泡10 min，无菌水冲洗3～4次，放入培养皿中备用。

2. 愈伤组织诱导

用解剖刀将种胚切下，并将胚用镊子轻轻夹破，盾片朝上，接种到愈伤组织诱导培养基 MS + 2,4-D 2 mg/L + KT 0.5 mg/L + 水解酪蛋白 500 mg/L + 蔗糖 3%+ 琼脂 0.8%上培养。或直接用手拿种子,用镊子剥取成熟胚接种到愈伤组织诱导培养基,然后用长镊子将盾片朝上。每瓶接种成熟胚 10 个左右。愈伤组织诱导培养的温度为 25±1℃,光照为 12 h/d。愈伤组织诱导用散射光照射,培养 15 d 后统计愈伤组织诱导率。

愈伤组织诱导率=产生愈伤数/接种成熟胚总数×100%

3. 愈伤组织继代培养

将胚性愈伤组织转移到愈伤组织继代培养基 MS + 2,4-D 1 mg/L + KT 0.5 mg/L + 水解酪蛋白 300 mg/L + 蔗糖 3% + 琼脂 0.8%,pH5.8 上进行继代培养。

4. 不定芽的分化

将愈伤组织转移到不定芽分化培养基 MS+6-BA 2 mg/L+水解酪蛋白 500 mg/L+蔗糖 3%+琼脂 0.8%,pH5.8 上培养,光照强度为 1 500~2 000 lx,培养 15~30 d 统计愈伤组织不定芽的分化率。

不定芽分化率=产生绿色芽点愈伤数/接种愈伤数×100%

5. 植株再生

将含有绿色芽点的愈伤组织转接到植株再生培养基 MS +NAA 0.2 mg/L+腺嘌呤 40 mg/L+蔗糖 3%+琼脂 0.8%,pH5.8 上进行不定芽苗诱导和伸长。

6. 壮苗培养

在无菌条件下取出绿苗,转入壮苗培养基 1/2 MS +NAA 0.5 mg/L +蔗糖 3%+琼脂 0.8%,pH5.8 中培养。

7. 炼苗移栽

当培养的苗生长健壮后,打开瓶口,在培养间炼苗 2~3 d,然后转到自然条件

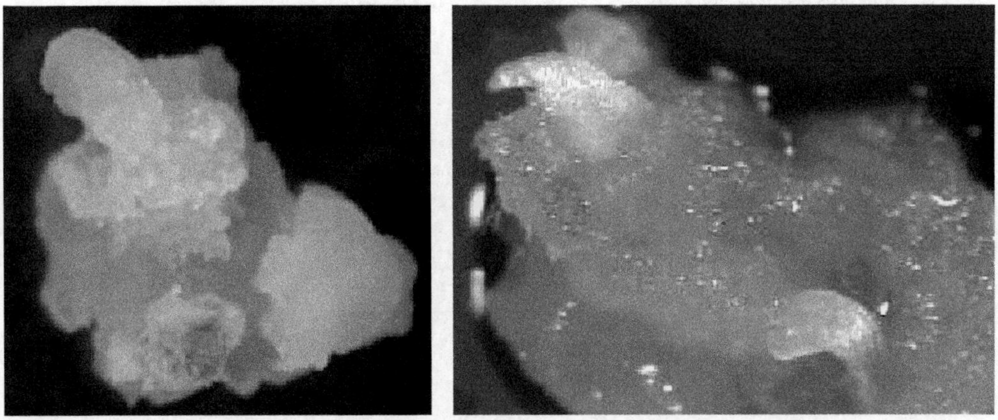

图 10-1 小麦胚性愈伤组织诱导和体细胞胚萌发(引自王翠亭,2003)

下继续炼苗 2～3 d。用镊子轻轻拔出幼苗，洗去小苗基部表面的培养基，移栽到小盆里。成活后再移栽到大田。

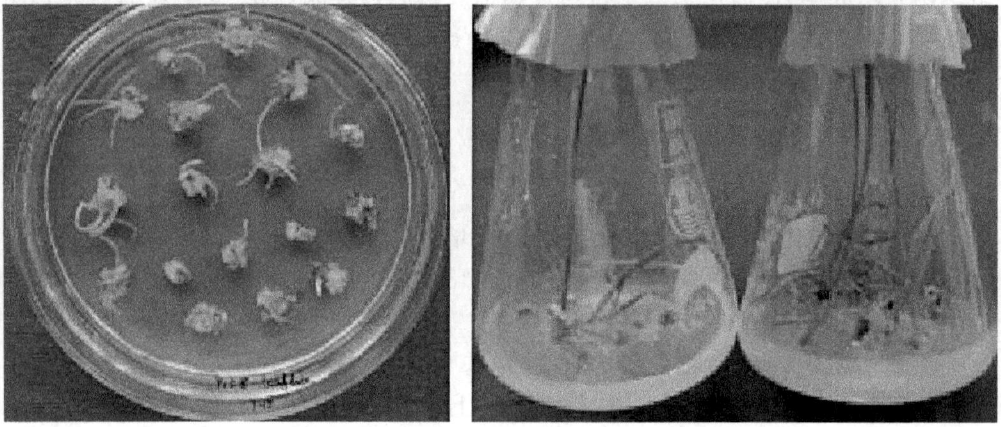

图 10－2 小麦植株再生(引自王翠亭，2003)

【实验报告】

1. 根据所学知识，查阅相关文献，利用成熟胚培养筛选耐盐突变体的实验方案。

2. 统计小麦胚愈伤组织诱导、不定芽分化和不定根分化的频率。

【思考题】

1. 胚培养有何意义？
2. 成熟胚培养与幼胚培养在技术上有何异同？
3. 幼胚培养的技术关键是什么？

实验十一　花 药 培 养

【实验目的】

学习和掌握利用花药作为外植体进行离体培养的方法。

【实验原理】

花药培养可以通过小孢子分裂直接产生胚，从而产生单倍体植株，也可先形成胚结构或愈伤组织，再通过胚胎发生或器官发生形成完整植株。利用离体培养花药的方法，诱导形成单倍体的工作始于1964年。单倍体植物的主要特点是其孢子体细胞的染色体数目和配子体细胞的染色体数目一致，因此可以从其表型观察基因型。利用这一特点在杂交育种中可以提高选择效率，避免误选和漏选。对单倍体植物进行染色体人工加倍之后即可得到同质结合的纯系，使育成的杂种不再分离，缩短育种年限，加快育种速度。

花药培养一般是先在暗处培养，待愈伤组织形成后再转移到光下促进分化。光照时间和培养温度依据培养材料决定。影响花药培养的因素很多，如供体植株的生长状况、年龄和花粉发育时期、基因型、预处理、培养基、培养条件等。

【实验材料、仪器与试剂】

1. 实验材料

小镊子、三角瓶、棉球、纱布、冰箱、载玻片、盖玻片、苗床。

小麦幼穗。

2. 实验仪器

超净工作台、显微镜、人工气候箱。

3. 实验试剂

W_{14}培养基各种母液、MS培养基各种母液、2，4-D、KT、NAA、75%酒精、蔗糖、琼脂、洋红、醋酸、工业酒精、多效唑、1.5%二甲基亚砜、0.04%秋水仙碱。

【实验步骤】

1. 取材

取大田中小麦幼穗中部花药做醋酸洋红镜检，选择花药小孢子处于单核靠边期的幼穗（其外部形态为旗叶叶耳和倒二叶叶耳距离为8～10 cm，视品种而定），置于4℃冰箱低温处理24～48 h。

2. 表面消毒

低温处理后的小麦幼穗除去叶片，用75%酒精棉球擦拭进行表面消毒。

3. 愈伤组织诱导

将消毒的小麦幼穗用含有75%酒精的纱布包好，放到超净工作台上，在无菌条件下除去叶鞘，剥取幼穗中部花药，接种到愈伤组织诱导培养基 W_{14} +2,4-D 2 mg/L+KT 0.5 mg/L+蔗糖10%+琼脂0.7%上，每瓶接种80～100枚花药。接种后将培养瓶置于散光，25～28℃温度条件下诱导愈伤组织。

4. 不定芽分化

当愈伤组织生长到1.5～2.0 mm时，将其转移到不定芽分化培养基 W_{14} + NAA 0.5 mg/L +KT 0.5 mg/L+蔗糖3%+琼脂0.7%上进行不定芽分化。

5. 不定根诱导

在幼苗长出2～3片真叶时，可将其转入到生根培养基MS+多效唑3 mg/L+NAA 0.5 mg/L+ KT 0.5 mg/L+ 蔗糖8%+ 琼脂0.7%上，在22～25℃下培养诱导不定根的发生，然后及时将再生植株转入到3～8℃的低温、弱光下进行蹲苗越夏。

6. 炼苗移栽

当室外气温降至6℃时，将试管苗移至室外苗床，在自然条件下炼苗5～7 d，然后洗净试管苗表面琼脂，移栽于苗床上。移栽后在苗床上搭盖塑料薄膜，严冬时加盖苇帘等，使小麦移栽苗处于不低于0℃的条件下越冬。翌年早春气温回升到2～3℃时，揭去塑料薄膜。

7. 染色体倍性检测

早春花粉植株处于分蘖盛期时采用根尖细胞染色体计数方法确定花粉植株的倍性。将单倍性植株从土中挖出，洗去泥土，将根部浸入含有1.5%二甲基亚砜的0.04%秋水仙碱溶液中，于18℃处理8 h(注意一定要使药液没过分蘖节)，然后洗净药液，栽回土壤。

【实验报告】

统计花药培养愈伤组织诱导、不定芽分化和不定根分化的频率。

【思考题】

1. 花药培养有什么意义？培养过程中应该注意哪些问题？
2. 如何区别花药培养与花粉培养？
3. 花药培养中再生植株的形成途径与再生植株倍性有何关系？
4. 如何鉴定花粉再生植株？

实验十二　人工种子制作

【实验目的】

掌握几种常见植物人工种子制作的原理和流程。

【实验原理】

人工种子,是指利用细胞的全能性,将植物离体培养中产生的胚状体或具有发育成完整植株能力的分生组织,包埋在含有养分和具有保护功能的物质中,并在适宜条件下能够发芽出苗的颗粒体。这种技术在植物快速繁殖、固定杂种优势及与基因工程相结合方面,具有广阔的应用前景。与天然种子由合子胚、胚乳和种皮构成类似,完整的人工种子由体细胞胚、人工胚乳和人工种皮三部分组成。人工种子的制作主要包括外植体的选取、胚状体的诱导及人工种子的包埋等步骤,其中胚状体的诱导与同步化及包埋制作是人工种子制备的核心技术。人工种皮一直是人工种子研究的主要热点之一,目前,海藻酸钠因具有生物活性、无毒、成本低、可防治机械碰伤、工艺简单等优点而被广泛应用。包埋人工种子的方法主要有液胶包埋法、干燥包裹法和水凝胶法。在多种水凝胶中,以海藻酸钠来包埋的离子交换法应用最广。

【实验材料、仪器与试剂】

1. 实验材料

镊子、酒精灯、烧杯、滴管、移液枪、2 mm 尼龙网、蛭石。

半夏、胡萝卜、甘薯、芹菜等植物胚状体。

2. 实验仪器

超净工作台、电子天平。

3. 实验试剂

活性炭、海藻酸钠、11.1 mg/L $CaCl_2$、无菌水、MS 各种母液、激素母液、酒精、蔗糖、10%次氯酸钠、琼脂。

【实验步骤】

1. 胚性愈伤组织诱导

将胡萝卜等自然种子在 75%酒精中浸泡 5 min。然后在的 10%饱和次氯酸钠溶液中消毒 20～30 min,用灭菌蒸馏水冲洗 3～5 次,将灭菌种子接种在含有 1/4MS 培养基(浓度为 1/4 不含激素的 MS 培养基)上发芽。播种后第 4～7 d,当种子萌发出幼苗时,将幼苗的下胚轴或子叶剪成 2 mm 小段。将其培养在 MS+

2,4-D 2 mg/L 琼脂培养基上诱导胚性愈伤组织。

2. 诱导体细胞胚

2～3个星期后，在固体去分化培养基上产生愈伤组织，并进行继代培养。当愈伤组织呈现松散、生长速度较快时，将愈伤组织悬浮到液体 MS+2,4-D 2 mg/L 培养基上。每个星期继代一次，并除去大的愈伤组织块，直到形成非常均匀的细胞系。去掉激素，使其在 MS 液体培养基上悬浮培养，很快形成大量胚状体。

3. 包埋

当胚状体长到一定程度时，用直径为 2 mm 尼龙网过滤筛选胚状体，以获得介于 0.6～2 mm 之间的体细胞胚用于包埋。将用过滤筛选的体细胞胚悬浮在含有 1/2MS、活性炭、防腐剂及 15%海藻酸钠凝胶中。用直径为 4～6 mm 的滴管或移液枪将体细胞胚与凝胶一起滴入 11.1 g/L 的 $CaCl_2$ 溶液中固化成球，用无菌水或液体培养基冲洗人工种子。

4. 发芽试验

将制成的人工种子播种在无菌的发芽培养基 1/4MS 上或浇有 1/4MS 液体培养基的湿润的蛭石上和有菌的土壤中进行发芽，发芽后幼苗移栽到温室。

图 12-1　半夏人工种子及萌发(引自程力辉，2009)

【实验报告】

1. 人工种子如何制作？
2. 统计人工种子萌发率。

【思考题】

1. 如何诱导高质量高频胚状体？胚状体如何同步培养？
2. 目前人工种子制作和应用存在哪些技术上的不足？

实验十三　植物细胞悬浮培养技术

【实验目的】

掌握植物悬浮细胞系建立的原理和方法。

【实验原理】

将游离的植物细胞或小的细胞团置于液体培养其中进行培养和生长的一种技术，称为植物细胞悬浮培养。它是从愈伤组织的液体培养基础上发展起来的一种新的培养技术。将疏松型的愈伤组织悬浮在液体培养基中并在振荡条件下培养一段时间后，可形成分散悬浮培养物。良好的悬浮培养物应具备以下特征：① 主要由单细胞和小细胞团组成；② 细胞具有旺盛的生长和分裂能力，增殖速度快；③ 大多数细胞在形态上应具有分生细胞的特征，它们多呈等径形，核质比率大，胞质浓厚，无液胞化程度较低。要建成这样的悬浮培养体系，首先需要有良好的起始培养物——迅速增殖的疏松型愈伤组织。然后经过培养基成分和培养条件的选择，并经多次继代培养才能达到。悬浮培养细胞经长期继代培养后，染色体常有变异现象，细胞的再生能力也有逐渐降低的趋势，然而对于生产有用次生代谢产物为目的的大量培养，这种再生能力的下降不一定有不良影响。

细胞悬浮培养技术为研究植物细胞的生理、生化、遗传和分化的机理提供实验材料，也为利用植物细胞进行次生代谢产物的工业生产提供技术基础。植物离体细胞作为生物反应器具有生产周期短、提取简单、易规模化、不受外界环境干扰，而且产量高、化学稳定性和化学特性好等特点。此外，细胞悬浮培养技术还在育种、快速繁殖、原生质体培养、体细胞杂交以及作为基因转化受体等方面均得到了广泛的应用。

【实验材料、仪器与试剂】

1. 实验材料

各种接种工具、手动吸管泵、尼龙网、移液管、洗耳球、漏斗、离心管、三角瓶。

松软的烟草、花生、胡萝卜愈伤组织。

2. 实验仪器

超净工作台、震荡摇床、离心机。

3. 实验试剂

MS 培养基母液、2,4－D、蔗糖、琼脂。

【实验步骤】

1. 愈伤组织接种

用镊子夹取出生长旺盛的松软愈伤组织，放入三角瓶中并轻轻夹碎。每100 ml三角瓶含10～15 ml灭菌MS培养基，每瓶接种1～1.5 g愈伤组织，以保证最初培养物中有足够量的细胞。

2. 振荡培养

将已接种愈伤组织的三角瓶置于旋转式摇床上。在100 r/min，25～28℃条件下，进行振荡培养。

3. 继代培养

经6～10 d培养后，若细胞明显增殖，可向培养瓶中加新鲜培养基10 ml，必要时，可用大口移液管将培养物分装成两瓶，继续培养。（若细胞无明显增殖，可能是起始材料不适当，应考虑用旺盛增殖期的愈伤组织重新接种）可进行第一次继代培养。

4. 悬浮培养物的过滤

按上述继代培养方法再继代几次，培养液中应主要由单细胞和小细胞团（不多于20个细胞）组成。若仍含较大细胞团，可用适当孔径的尼龙网或金属网筛过滤，再将过滤后的悬浮细胞继续培养。如果尼龙网网眼被细胞团堵塞，可用吸管反复吸、吹。再用无菌培养基冲洗残留在网上的细胞团。

【注意事项】

1. 上述步骤均需灭菌操作，培养基、用具、器皿等要用高温高压灭菌后方可使用。
2. 如培养液混浊或呈现乳白色，表明已污染。
3. 每次继代培养时，应在倒置显微镜下观察培养物中各类细胞及其他残余物的情况以有意识地留下圆细胞，弃去长细胞。

【实验报告】

观察细胞悬浮培养中细胞大小。如何建立高质量的细胞悬浮培养体系？

【思考题】

1. 建立悬浮细胞系的关键技术有哪些？
2. 研究细胞悬浮培养的意义何在？挑选愈伤组织进行悬浮培养需注意什么问题？
3. 建立细胞悬浮系的步骤包括哪些？一个良好的悬浮细胞培养体系应该具有什么样的特征？

实验十四　植物细胞生长和活力的测定

【实验目的】

掌握植物细胞悬浮培养中细胞生长的测定方法；掌握植物细胞悬浮培养中细胞活力测定的原理和方法。

【实验原理】

植物细胞悬浮培养和单细胞培养中，随时监测细胞的增殖和细胞团的生长状态是非常必要的，通过对培养细胞和细胞团生长的测定，可筛选最适于培养细胞增殖和生长的培养基化学组成、渗透压和酸碱度。监测培养组织和悬浮培养细胞在整个培养世代中，细胞数目的增长情况和一个培养世代所需要的时间，以确定继代培养和注入新鲜培养基的时间。常见测定植物细胞生长的方法有细胞计数法、细胞密实体积法、细胞鲜重法和细胞干重法。

【实验材料、仪器与试剂】

1. 实验材料

尼龙网、刻度离心管、注射器、吸管、血球计数板、酒精灯、试管、载玻片、盖玻片、刀片、培养皿、石蜡、滤纸、放大纸、台灯。

2. 实验仪器

离心机、显微镜、荧光显微镜、天平、恒温水浴锅、超滤器、高压灭菌锅。

3. 实验试剂

5%三氧化铬、1 mol/L 盐酸、果胶酸、荧光素双醋酸酯(FDA)、洋红、甲基蓝、伊文思蓝、乳酰丙酸苔红素、甲酸、乙酸、中性胶、0.03 mol/L EDTA、1%结晶紫、蒸馏水。

【实验步骤】

1. 培养细胞的记数

(1) 悬浮培养细胞的计数

1) 吸取一滴细胞悬浮液至血球计数板上。

2) 将盖玻片由一边向另一边轻轻盖上，再用两只拇指压紧盖玻片两边，使盖玻片和计数板紧密结合，以防形成气泡。

3) 数分钟后，细胞沉降至载玻片表面，即可在显微镜下计数。

4) 每个样品计数至少 3 个重复，最后计算出单位体积中细胞数量。

(2) 愈伤组织细胞的计数

愈伤组织鲜重和细胞数目有一定的关系,故愈伤组织鲜重可以作为测量细胞数目的一种间接方法。但由于测量时的来回搬动,很容易造成污染,从而造成材料的损失。可以先将愈伤组织离析软化成单细胞,然后再进行统计。

1) 愈伤组织先用 1 mol/L HCl 在 60℃下水解预处理 10 min。

2) 加入 5%三氧化铬,两倍于细胞体积的溶液。在 20℃离析 16 h,或用 8%三氧化铬在 70℃条件下,离析 2～15 min。

3) 将离析软化的细胞,迅速冷却,然后强力振动 10 min,使其分散,然后用蒸馏水洗 3 次备用。

4) 用含 0.03 mol/L 的 EDTA、1%结晶紫溶液对上述离析后的细胞进行染色 10 min。然后用蒸馏水仔细洗涤数次。

5) 将洗涤后的细胞放入装有 2 ml 蒸馏水的小试管中,用玻璃棒搅动,使细胞分散,形成悬浮液。

6) 用血球计数板计数每块愈伤组织的细胞数目。

2. 培养细胞体积的测定

细胞体积在一定范围内,反映了悬浮培养细胞数目的增殖状态。一般培养细胞增殖速度快,细胞体积越小。培养细胞体积的测量,最简便的方法是取 15 ml 悬浮培养细胞,放入刻度离心管中,用 2 000 r/min 离心 5 min。以每毫升培养液中,细胞体积的毫升数来表示。这种方法简便,但太过于粗放。

显微测微尺直接测量法:

(1) 放置目镜测微尺:旋开目镜,将目镜测微尺放在目镜的光阑上,注意刻度面向下,然后将目镜放回镜筒。

(2) 放置镜台测微尺:将镜台测微尺放在载物台上,调节焦距,使之通过目镜能清楚看清镜台测微尺的刻度。

(3) 校准目镜测微尺:在低倍显微镜下,移动镜台测微尺和转动目镜测微尺,使两者刻度平行,并使两者间某段的起止线完全重合,数出两条线重合的格数,就能求出目镜测微尺每格相应的长度。用同样的方法分别测出高倍镜和油镜下,目镜测微尺每格的相对长度。

(4) 细胞体积测量:取下目镜测微尺,将待测的样品放在载物台上,通过调焦使物象清晰后,转动目镜测微尺,测量细胞的长与宽各占几格。将测得的格数乘以目镜测微尺每格长度,即可求得细胞的体积。

3. 培养细胞重量测定

(1) 细胞鲜重直接测量法

1) 来自固体培养基的材料,取出后洗去琼脂并用滤纸吸干水分,然后直接用电子分析天平称重。

2）来自液体悬浮培养液培养的细胞，可放入已知重量的尼龙网上过滤。过滤后用水冲洗，除去培养基，然后离心除去水分。称量后的重量，减去尼龙网的重量即为悬浮细胞鲜重。

（2）细胞干重的测定

1）将愈伤组织从琼脂培养基中取出，放入称量瓶内于60℃烘箱内烘 12～24 h（因材料大小、厚薄而定）取出，冷却后立即称量。

2）悬浮培养细胞，经抽滤法去除培养基并收集在预先称好重量的超滤器上，再用水洗数次，用抽滤器抽干细胞表面水分，然后置于60℃烘箱内烘 12～24 h（因材料大小、厚薄而定）取出，冷却后立即称量。

4. 细胞活力测定

（1）FDA 荧光法

荧光素双醋酸酯（FDA）本身无荧光、无极性，可自由透过原生质体膜进入细胞内部。进入后由于受到活细胞中内脂酶的分解，而产生有荧光的极性物质——荧光素，荧光素则不能自由出入原生质体膜。故在荧光显微镜下，可观察到具有荧光的细胞。表明该细胞是有活力的细胞。相反不具有荧光的细胞是无生命力的细胞。

操作步骤：

1）吸出 0.5 ml 细胞悬浮液放入 10 mm×100 mm 小试管中，加入 FDA 液，使 FDA 液最终浓度达到 0.01%。混匀后在常温下反应 5 min。

2）荧光显微镜观察，激发滤光片为 QB_{24}，压制滤光片为 TB，经观察发出绿色荧光的细胞为有活力的细胞，不产生荧光的细胞为无活力的死细胞。

3）细胞活力统计，细胞活力是用有活力的细胞数占总观察细胞数的百分数来表示。

（2）染色法

有活力的细胞具有选择性吸收外界物质的特性，当用染色剂处理时，活细胞拒绝染色剂的进入，因此染不上色。死细胞可吸附大量的染色剂而染上颜色。统计未染上颜色的细胞数目，就可计算出它的活力。

操作步骤：

1）材料准备：制备原生质体和悬浮单细胞材料。

2）配制染色剂，如洋红、甲基蓝、伊文思蓝等，浓度 0.005%～0.01%。

3）将染色剂滴入材料上染色，数分钟后，即可统计观察。注意染色时间不能太长，否则有活力的细胞也会染上颜色，从而影响统计的准确性。

5. 植板率测定

用平板法培养单细胞或原生质体时，细胞的增殖状况常以植板率来表示，即能长出细胞团的细胞占接种细胞总数的百分数。每个平板上接种的细胞数，可根据铺板时，加入细胞培养液的毫升数和每 1 ml 培养液中含有细胞数来计算，即两者的乘积即为每平板上的细胞总数。

操作步骤：

(1) 制备胡萝卜悬浮培养物，经尼龙网过滤，获得适于平板培养的细胞悬浮液。

(2) 利用血球计数板调节悬浮细胞密度到 5×10^5 个/ml。

(3) 培养基的制备。为了提高植板率，一般选用条件培养基。首先配制悬浮细胞培养基，接种愈伤组织(或接种悬浮细胞)后进行一段时间的培养，然后离心，取其上清液即为最简单的条件培养基。制作平板培养用的固体条件培养基时，可取上清液一份，与含相同糖浓度和 1.4%琼脂的灭菌培养基 1 份，在后者经高压灭菌尚未冷却的情况下趁热充分混合，冷却到 30～35℃备用。

(4) 平板培养的制作。将一份已调制好细胞密度的单细胞悬浮液与 4 份 35℃的固体条件培养基充分混合均匀，倒入各个无菌培养皿，使培养基的厚度在 5 mm 左右。盖上培养皿用熔化的石蜡密封。将进行平板培养的培养皿放入一个垫有湿滤纸的大培养皿中。

(5) 当细胞团肉眼可见时计数。在暗室的红光下将一张印相纸或放大纸置于培养皿的下方，在培养皿的上方置一光源，打开光源使培养皿中细胞团印到印相纸或放大纸上，将照片冲洗出来，细胞团在照相纸上呈白色，周围培养基呈淡黑色。

【注意事项】

1. 载物台上镜台测微尺刻度是用加拿大树胶和圆形盖玻片封合的。当除去松柏油时，不宜使用过多的二甲苯，以避免盖玻片下的树胶溶解。

2. 取出目镜测微尺，将目镜放回镜筒，要用擦镜纸擦去目镜测微尺上的油腻和手印。如用的是油镜应按油镜使用方法处理镜头。

3. 叶肉细胞由于受叶绿素的干扰，有活力的细胞可发出黄绿色的荧光而不是绿色荧光。无活力的死细胞，则发出红色荧光。

4. 愈伤组织细胞计数时，需注意愈伤组织的取样时间，通常是在细胞数目急速增加，每个细胞平均重量或体积急剧下降时取样。

5. 由于愈伤组织细胞在取样时，处于不同的生长周期，故离析时间有长短之分，只有靠经验确定。三氧化铬浓度过高，处理时间过长，会导致细胞分解，从而减少细胞数目。

【实验报告】

统计在细胞生长过程中细胞的生长状况。

【思考题】

1. 培养细胞生长量的测定有什么意义？

2. 以自己的实验结果为例，说说自己的结果对于细胞培养实验有什么借鉴意义？

实验十五　细胞微室培养技术

【实验目的】

了解和掌握细胞微室培养的方法。

【实验原理】

细胞微室培养是为了进行单细胞活体连续观察而建立的一种微量细胞培养技术。运用这种技术可以对单细胞的生长与分化、细胞分裂的全过程、胞质环流的规律，以及线粒体的生长与分裂进行活体连续观察；也可以对原生质体融合、壁的再生，以及融合后的分裂进行活体连续观察，因此它是进行细胞工程研究的有用技术。

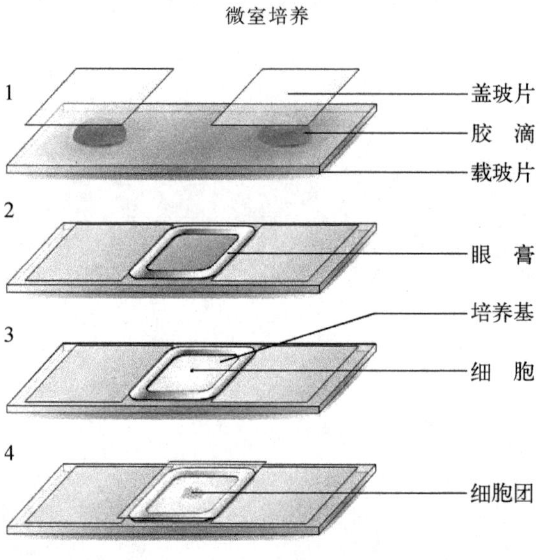

图 15-1　微室培养示意图

【实验材料、仪器与试剂】

1. 实验材料

载玻片、盖玻片、酒精灯、移液管、吸耳球、毛细管、常规接种工具，细胞悬浮液。

2. 实验仪器

超净工作台、相差显微镜。

3. 实验试剂

培养基母液、2，4-D、水解酪蛋白（CH）、蔗糖、琼脂、HCl、NaOH、四环素眼膏。

【实验步骤】

1. 将洗净的盖玻片与载玻片在酒精灯火焰上灭菌。

2. 冷却后按盖玻片的大小在载玻片上涂一圈四环素眼膏。

3. 将制得的细胞悬浮液一小滴滴在载玻片上，在四环素眼膏上放一小段毛细管，盖上盖玻片。

4. 轻压到密封并使细胞悬浮液的小滴与盖玻片接触。

5. 将载玻片放入培养室中，在温度为 26～28℃条件下进行培养。

6. 利用相差显微镜进行观察。

【实验报告】

观察细胞在微室中的生长状况。

【思考题】

细胞微室培养中应注意哪些问题？（从对微室的要求、培养基的要求、所观察的细胞的要求三方面考虑）

实验十六　原生质体的分离和培养

【实验目的】

了解原生质体分离和培养的基本原理及过程。

【实验原理】

植物原生质体是除去细胞壁后为原生质所包围的“裸露细胞”，是开展基础研究的理想材料。其中酶解法分离原生质体是一个常用的技术，其原理是植物细胞壁主要由纤维素、半纤维素和果胶质组成，因而使用纤维素酶、半纤维素酶和果胶酶能降解细胞壁成分，除去细胞壁。

原生质体培养在应用研究和基础研究上具有重要意义。第一，与完整植物细胞相比，原生质体易于摄取外来的物质，如DNA，染色体、病毒、细胞器、细菌，因此可利用其作为理想的受体系统进行各种遗传操作，在植物遗传育种实践方面意义重大。第二，由于没有细胞壁，有利于进行体细胞诱导融合和单细胞培养。第三，可用于细胞表面的结构与功能的研究，细胞器结构与功能的研究，病毒侵染与复制机理的研究，以及细胞核与细胞质相互关系，植物生长物质的作用、植物代谢等生理问题的研究。

原生质体分离纯化或融合后，在适当的培养基上应用合适的培养方法，能够再生细胞壁，并启动细胞持续分裂，直至形成细胞团，长成愈伤组织或胚状体，再分化发育成苗。其中，选择合适的培养基及培养方法是原生质体培养中最基础也是最关键的环节。

【实验仪器、材料与试剂】

1. 试验材料

三角瓶、离心管、烧杯、200目滤网、解剖刀、长、短镊子、培养皿、滤纸、0.2 μm滤膜、滤器、培养瓶(注：以上用品要进行高压灭菌)、血球计数板、移液器。

植物无菌苗叶片或愈伤组织。

2. 实验仪器

台式离心机、高压灭菌锅、倒置显微镜、超净工作台、光照培养箱、震荡摇床。

3. 实验试剂

酶液：1%纤维素酶，1%果胶酶，0.7 mol/L甘露醇，0.7 mol/L KH_2PO_4，10 mmol/L $CaCl_2 \cdot 2H_2O$，pH6.8～7.0。

PEG融合液：40% PEG(MW1 500～1 600)，0.3 mol/L葡萄糖，3.5 mol/L

$CaCl_2 \cdot 2H_2O$,0.7 mol/L KH_2PO_4。

13%CPW 洗液：27.2 mg/L KH_2PO_4,101.0 mg/L KNO_3,1 480.0 mg/L $CaCl_2 \cdot 2H_2O$,246.0 mg/L $MgSO_4$,0.16 mg/L KI,0.025 mg/L $CuSO_4$,13% W/V 甘露醇,pH6.0。

20%蔗糖溶液。

【操作步骤】

1. 取植物无菌苗叶片或子叶,切成薄片后,置于酶液中,在 25～28℃黑暗条件下振荡(60～70 r/min)酶解 5～7 h。

2. 用 200 目网过滤除去未完全消化的残渣。

3. 1 000 r/min 离心 5 min,弃上清。

4. 加入 3～4 ml 13%CPW 洗液,1 000 r/min 离心 2～5 min,弃上清,留 1 ml 洗液。

5. 用滴管将混有原生质体的 1 ml 洗液吸出,轻轻铺于 20%蔗糖溶液上(5 ml 离心管装 3 ml 20%蔗糖溶液),1 000 r/min 离心 5～10 min,由于密度梯度离心的作用,生命力强、状态好的原生质体漂浮在 20%的蔗糖与 13%CPW 之间,破碎的细胞残渣沉入管底。

6. 用 200 μl 移液器轻轻将状态好的原生质体吸出(注意尽可能不要吸入下层的蔗糖溶液),放入另一干净的离心管中。

7. 加 4 ml 13%CPW 洗液,1 000 r/min 离心 2～5 min,弃上清。

8. 用血球计数板调整原生质体密度为 10^5～10^6/ml 之间。

9. 将原生质体悬液铺于愈伤组织诱导培养基(固体)上进行浅层培养,在温度 25±2℃,光照度 1 000 lx,光照 14～16 h/d 的条件下培养,经 1～2 个月后在培养基上出现肉眼可见的细胞团。细胞团长到 2～4 mm 左右,即可转移到分化培养基上,诱导分化芽和根,长成小植株。

【实验报告】

如何分离植物原生质体？记录原生质体分离的过程及结果。

【思考题】

1. 影响原生质体培养的因素有哪些？

2. 原生质体制备与培养过程中要注意哪些问题？常用的原生质体培养方法有哪些？

实验十七　原生质体融合

【实验目的】

学习和掌握利用聚乙二醇 PEG 方法诱导同种植物原生质体融合的方法。

【实验原理简介】

种间有性杂交不亲和大大限制了野生种有用基因向栽培作物的转移。通过原生质体或亚原生质体间的融合进行细胞杂交或细胞重建，是克服这种生殖隔离的一种重要途径。由于进行融合的原生质体来自体细胞，故该项技术也叫体细胞杂交。原生质体融合能使有性杂交不亲和的植物种间进行广泛的遗传重组，因而在农业育种上具有巨大的潜力。在植物遗传操作研究中也是关键技术之一。人工诱导原生质体融合可使用物理学方法，如运用细胞融合仪，在电场诱因导下实现融合，然而至今广为使用的仍是聚乙二醇(PEG)溶液引起原生质体的聚集和粘连，然后用高 pH 钙溶液处理的化学方法。

该方法应用分子量为 1 500～6 000 的聚乙二醇(PEG)溶液引起原生质体的聚集和黏连，然后用高 pH 的钙溶液稀释时，就产生了高频率的融合，融合的频率和效率常与所用 PEG 的分子量、浓度、作用时间、原生质体的生理状态与密度以及操作者的细心程度有关。

【实验材料、仪器与试剂】

1. 实验材料

各种接种工具、微孔滤膜过滤器、Parafilm 封口膜、400 目尼龙网，烟草原生质体。

2. 实验仪器

超净工作台、震荡摇床、灭菌锅、pH 计、光照培养箱、高压灭菌锅。

3. 实验试剂

MS 培养基各种母液、KT、NAA、2,4－D、MES(2－N－吗啉乙磺酸)、纤维素酶(Onozuka R－10,Japan)、崩溃酶(Driselase)、果胶酶(Pectinase、Serva)、半纤维素酶(Hemicellulase,Sigma)、离析酶(MacerozymeR－10)、$CaCl_2 \cdot 2H_2O$、$KH_2PO_4 \cdot H_2O$、KNO_3、$MgSO_4 \cdot 7H_2O$、KI、$CuSO_4 \cdot 5H_2O$、甘露醇、葡萄糖、蔗糖、琼脂、聚乙二醇、二甲基亚砜、70%酒精、0.1%氯化汞。

酶解液：2%纤维素酶 cellulase Onzuka R－10、1%半纤维素酶 hemicellulase H－2125、0.5%果胶酶 pectinase、0.5%离析酶 MacerozymeR－10 的 CPW－

9M 液。

洗液：CPW 盐＋9％甘露醇。

【实验步骤】

1. 实验材料

实验材料为普通烟草品种“自来红”和波缘烟草。种子在 70％酒精中浸泡 30 s，无菌水冲洗一次后，用 0.1％氯化汞消毒 8 min，无菌水冲洗 5 次，培养于 MS 基本培养基上，于 25℃下培养烟草无菌苗。每 4～5 周将烟草丛生芽转接到 MS 培养基上。切取普通烟草完全伸展叶片（约 3 cm × 5 cm）作为分离原生质体的材料。对于波缘烟草，以叶片外植体在 MS＋2，4－D 1 mg/L＋NAA 2 mg/L＋KT 0.5 mg/L培养基上诱导的愈伤组织为分离原生质体的材料。

2. 原生质体的分离

撕去下表皮，在无菌培养皿中将普通烟草叶片切成约 0.5 cm × 0.5 cm 小块，和波缘烟草愈伤组织各约 1 g 鲜重分别置于 10 ml 酶解液（2％纤维素酶 cellulase Onzuka R－10、1％半纤维素酶 hemicellulase H－2 125、0.5％果胶酶 pectinase、0.5％离析酶 MacerozymeR－10 的 CPW－9M 液）中。在 28℃下处理 3～4 h。叶片材料不时轻轻摇动，愈伤组织则在摇床上振荡（30 r/min）。酶解产物经 400 目尼龙网过滤后，100 g 离心 3 min，收集原生质体。然后用洗液（CPW 盐＋9％甘露醇）洗 3 次（100 g，离心 1 min）。小心加入盛有 CPW－21S（含有 21％蔗糖的 CPW 溶液，pH 5～6）溶液的离心管中，100 r/min 离心 5 min，溶液分为 3 层，仔细将漂浮在溶液中部的原生质体取出，经洗涤液洗涤 2 次，离心，获得纯净的、具有生理活性的原生质体。用洗涤液将原生质体密度调整到 1×10^5～5×10^5个细胞/ml，待用。

3. 原生质体融合

原生质体融合采用 PEG 和高 Ca^{2+}、高 pH 法。将双亲原生质体等量混合后，室温将 2 滴原生质体悬液滴在置于直径 5 cm 培养皿中的 25 mm × 25 mm 盖玻片上。静置 20 min 后从液滴边缘加入 1 滴溶液 A（含分子量 6 000 的 PEG 40％，葡萄糖 0.3 mol/L，$CaCl_2$ 66 mmol/L，二甲基亚砜 10％）。再静置 20 min 后，将溶液尽可能吸出并加入尽可能多（但不使溶液流下盖玻片）的 KM 培养基。10 min 后换以适量新鲜培养基。培养皿用 Parafilm 封口后置于 25℃散射光条件下培养。10 d 后将原培养基吸掉一半，换以等量的渗透压减半的新鲜培养基。

4. 不定芽分化

待形成肉眼可见愈伤组织时将其逐一挑出建立源自单个细胞的克隆系。不定芽分化培养基为 MS＋BA 2 mg/L＋IAA 0.5 mg/L＋CH 200 mg/L＋甘露醇 20 g/L，蔗糖 30 g/L，琼脂 8 g/L，pH5.8。

5. 不定根诱导

待不定芽长至 3～5 cm 时，将其转至 MS 基本培养基上诱导不定根。

【实验报告】

1. 观察记录细胞原生质体融合过程和融合细胞生长分化状况。

2. 查阅相关文献，设计一组实验方案来鉴定所得的愈伤或植株是否是融合体。

【思考题】

原生质体融合有哪些方法？各有何优缺点？

实验十八　植物水培技术

【实验目的】

掌握植物水生根诱导原理和方法。

【实验原理】

花卉水培是运用现代物理、化学和生物技术等综合技术措施，对植物的根系进行生化诱变，使植物的根系组织结构、生理性状发生变化，使其能够长期在水中生长的一种新型栽培方式。

水培花卉格调高雅，可以像鲜花那样随意组合起来培养，形成精美的艺术品，尤其是花鱼共养的水培花卉，不仅可以像普通花卉那样观花、观叶，还可以观根、赏鱼，具有较高的观赏性。室内摆放水培花卉，能够调节室内气候，其枝叶可吸收二氧化碳，释放氧气和自身独有的芬芳香味，让生活处处芳香四溢，有利于陶冶性情、增添乐趣、促进身心健康。因此，水培花卉既可美化环境、净化空气，又能满足人们观察植物茎叶生长和根系生长的好奇心，是现代室内绿化的最佳选择。公园的造景绿化中使用水培花卉业可创造出水上花园的奇观。

另一方面，为了控制病虫和杂草的蔓延，美国、加拿大、日本、澳大利亚等国家和地区禁止进口带土植物，这使得传统土培盆栽花卉难以适应广阔的国际市场，对花卉的生产和出口产生了较大的影响。在年产值已经达到600亿元的我国花卉市场中，水培花卉市场占有率必将进一步扩大，并且其中1/3～1/2的水培花卉可以打入国际市场，为我国花卉出口创汇闯出一条新路，因此，无土栽培花卉具有更广阔的市场前景。

随着时代的发展和人们生活水平的提高，传统的土培花卉日益暴露出笨重和不够洁净美观的缺点。水培花卉弥补了传统花卉的不足，它轻巧、洁净、美观、日常管理简便，适于长期摆设观赏。水培花卉可减少农药使用量，降低农药残留，在环保呼声日益高涨的今天，水培技术更加显示出其重要性。水培技术的研究、推广与应用，使农业、园艺、花卉生产步入一个新的发展阶段，具有十分广阔的发展前景。

水培花卉具有安全卫生、无污染、质量高、生长容易控制、不受水土限制、到处可种等优点。但影响花卉水培的因素有很多，营养液、基质、培养条件、培养方式等会影响水培的成功率。不同花卉品种水培的难易程度也不一样。一般常见的适合水培的花卉主要集中在天南星科、鸭跖草科、景天科、百合科等，如龟背竹、海芋、绿萝、广东万年青、芦荟、吊兰、富贵竹、龙舌兰、宝石花、莲花掌、彩叶草、凤梨、红掌、郁金香、风信子、常春藤、袖珍椰子等。

【实验材料、仪器与试剂】

1. 实验材料

珍珠岩、泥炭土、棉球、蓝盖瓶、喷水器、塑料泡沫、营养钵、定植盘、定植蓝、蛭石、泥炭土、石头、苔藓。

红掌、绿萝、仙客来、蝴蝶兰、吊兰、芦荟、杜鹃花、生菜、青菜、番茄等。

2. 实验仪器

人工气候箱、高压灭菌锅、pH 计。

3. 实验试剂

各种水培营养液(见附表二)、IBA、ABT 生根粉。

【实验步骤】

1. 红掌水培技术

(1) 水生根诱导

取温室常规栽培管理的盆栽红掌健壮小苗(株高 10 cm),洗净并将根全部剪除,用 0.1% $KMnO_4$ 浸泡植株根部 10～15 min,进行伤口消毒处理。将消毒好的植株插入装有 10 mg/L IBA 的用黑色不透光薄膜包好的果酱瓶中并编号,使其根部刚好浸泡在溶液中,将其放在 25℃温室培养。每天进行观察,3 d 更换一次溶液,并用手洗法清洗根部的黏液,保持根系干净。3 d 记录一次根系生长情况,共培养 25 d。

图 18-1　水培红掌

(2) 营养液水培

取根系诱导生长较好的试验材料,放置于 KC 营养液中进行水培,观察根的生长量、植株生产情况、叶片和芽的生长量。红掌在 KC 营养液中根、叶生长良好,最长根长度增长 1.4 cm,平均发叶数为1.75 片。

2. 绿萝水培技术

(1) 植株选择和处理

选择生长健壮、无病虫害、形态优美的绿萝植株,除去泥土,将绿萝根部用温水洗干净,然后用流水冲洗,除去烂根、老根、病根,将根部冲洗干净,再用 1%的高锰酸钾对根部进行消毒,同时将水培的容器进行洗涤消毒;洗根后的绿萝舒展的放入准备好的器皿里,注入没过根系 1/2～2/3 的水,让根的上端暴露在空气中。

(2) 驯化培养

第1周，每天换水1次，摘除烂根，洗净根系。经过18～25 d的培养，当植株在水中长出新根时，说明该花卉已经适应了水培环境，可改用水培营养液栽植。

(3) 培养液的选择与配置

营养液的浓度不能太高，要掌握宁低勿高，营养液浓度过高极易产生肥害。适宜的培养液包括：NH_4NO_3 140 g/L；KNO_3 165 g/L；$CaCl_2 \cdot H_2O$ 17.7 g/L；$MgSO_4 \cdot 7H_2O$ 15 g/L；KH_2PO_4 10 g/L；Na_2Fe-EDTA 18.6 g/L；$FeSO_4 \cdot 7H_2O$ 13.9 g/L。需稀释8～10倍后使用。生长季节15～20 d更换1次营养液。

(4) 温湿度管理

绿萝生长适温15～25℃，低于10℃易发生黄叶、落叶的现象。绿萝耐阴耐湿，忌阳光直射，水培过程中应将其温度控制在适温范围内。

图18-2 水培绿萝

图18-3 水培仙客来

3. 仙客来水培技术

(1) 植株选择和处理

选择种球饱满、生长健壮、无病虫害、球茎在3 cm以上、10片叶子的土培仙客来，除去泥土，洗净根系，并将1/5的叶片均匀摘除，植入水培容器中水养，注入水深以球茎底部刚好接触水面为限。

(2) 驯化培养

水培初期每2～3 d换水1次，并将植株置于荫蔽处，1周后待球茎底部长出水生根时，可移到光线较充足且通风良好的位置培养。当水生根长达5 cm以上时，改用水培营养液培养。

(3) 水培管理

仙客来的球茎基部应与水面持平。水培过程中换水是主要工作之一。在水培养观赏的 30～45 d 的时间内，其根系生长过程中产生的黏液会污染水，即清洁的水有利于新根的生长，可延长观赏期。一般 10 d 左右换水一次。用营养液水培仙客来可以使其开花良好。水培仙客来宜放置在室内光照条件好的地方，同时注意在干燥时喷水，既可增湿又能除尘。另外，要及时修叶除去残花。

4. 蝴蝶兰水培技术

(1) 植株选择和处理

选择株型较好、生长健壮、无病虫害且已孕育花芽的盆栽蝴蝶兰成年植株，除去泥土，洗净根系，去除枯根和烂叶，定植于水培容器中，注入水深至浸没根系的 1/3～1/2 为佳。

图 18-4　水培蝴蝶兰

(2) 驯化培养

水培初期每 2～3 d 换水 1 次，并将植株置于荫蔽处，气生根能很快适应水培环境。当植株完全适应水环境并表现出较强长势时，应移到光线较充足且通风良好的位置培养，并改用水培营养液培养。

(3) 水培管理

水培营养液每 1 月更换 1 次。在花前和花后对其叶片喷施 0.1% 的 KH_2PO_4 溶液，可促进开花和萌发新根和新叶。蝴蝶兰适宜高温半阴环境，生长季节尤其是夏季应置于阴凉通风处，避免强光直射，并常向叶片喷水保持湿度。冬季和早春可接受较强的光照，如果光照不足可给予补光。蝴蝶兰适宜的生长温度为 25～28℃，当气温低于 15℃时根部停止吸水，老叶变黄脱落。叶片低于 10℃时，易发生冻害死亡。因此，水培蝴蝶兰时，应注意温度的管理，尽量创造适宜的生长温度。

5. 蔬菜水培技术

(1) 播种

采用泥炭、蛭石作为育苗基质。育苗前先将蛭石用清水浸透，湿度以用手紧握能出水为宜。然后将蛭石装入育苗盘，用手轻压并摊平基质，将生菜种子均匀撒播于蛭石表面，密度适宜，然后在种子表面覆盖约 1～1.5 cm 厚蛭石(切忌播种过深)，将育苗盘放在阴凉处，出苗后根据苗情浇灌 1～2 次 1/4 剂量的标准配方营养液，一般 2～3 d 即可出苗。生菜种子在 25℃以上发芽困难，所以在炎热季节应在

15～25℃冷凉的地方催芽后才播种。

(2) 分苗

待幼苗长出 2 片真叶时，选健壮无病植株洗净根部残留基质，插入定植杯里，分苗栽培板以定植板为基础制作成 21×13 孔，株行距为 5 cm×5 cm。分苗时营养液采用 1/4 剂量的标准配方营养液，杯底要浸入营养液中。为了减少移植的麻烦，也可以采用在定植杯中直接育苗。

(3) 定植

待幼苗长出 4 片真叶时定植，定植时营养液采用标准配方营养液，栽植密度一般每 667 m^2 定植 1 500 株左右，株行距为 20 cm×20 cm，定植 7 d 以内，营养液的浓度为 1/2 剂量的标准配方营养液，定植 7 d 后，营养液浓度调整为全剂量标准配方营养液，杯底要浸入营养液中。

(4) 收获

待生菜幼苗长出 20 片左右真叶时收获。收获前 7 d，停止供液，这样有助于降低生菜中的硝酸盐和亚硝酸盐含量。

图 18－5　水培生菜

图 18－6　水培青菜

6. 番茄的水培技术

(1) 播种

采用泥炭、蛭石作为育苗基质。育苗前先将蛭石用清水浸透，湿度以用手紧握能出水为宜。然后将蛭石装入育苗盘，用手轻压并摊平基质，将番茄种子均匀撒播于蛭石表面，密度适宜，然后在种子表面覆盖 1～1.5 cm 厚的蛭石，将育苗盘放在阴凉处，每天喷水 1～2 次，一般 3 d 即可出苗。

图 18－7　水培番茄

(2) 出苗移栽

待幼苗长出2片子叶时就应及时移栽到无土栽培专用的定植杯里，为了减少移植的麻烦，也可以采用在定植杯中直接育苗。

(3) 定植

待有30%的植株达到开花时定植，定植时营养液采用标准配方营养液。在定植中可剪去侧枝，一般7～10 d整枝一次。在番茄植株长到7～8张叶时就可以开始留果。天气热时应适当延迟，留果早则果实小。为使果实生长一致，营养均分，果型漂亮，一档花序一般留果3～4个，其中最先开的与最后开的花都不要，中间开花较一致的才作为留果对象。

【注意事项】

1. 水质要求：最好是纯净水，自来水也可以。由于水中溶解的氧随着含盐浓度的增加而降低，纯净水属于脱盐水，含盐量低，是水培花卉适宜的用水。除了含盐量低外，纯净水还有透明度好，没有污染的优点，是最理想的水培花卉用水。另外，也可使用合格的饮用自来水作水培花卉的用水。但是，自来水中过量的氯对花卉根系有伤害，在使用前需放置一段时间再用。河水、湖水、池塘水、井水含盐量高，不能用作水培花卉的用水。

2. 换水时间：换水时间间隔短些，对植物生长有利。水质不同、季节不同、温度不同，换水时间也不相同。要根据水变浑浊的时间灵活掌握。刚刚水培的花卉，要求两三天就得换水一次。夏季植物生长旺盛，温度高，易变质，换水时间也要短。冬季植株大多处于半休眠或休眠状态，温度较低，换水间隔时间可长些。

3. 水量的多少：在水培花卉时，不能将根系全部浸入水中，加水时不应加得太多，而将少量根系露在空气中，最好请将植物的根露出三分之一以上，这样根系既可在水中吸收溶解氧，也可从空气中吸收氧气。

4. 及时清洗根系及容器：在换水时，应对根系进行清洗，可用清水冲掉根系上的黏液，若出现烂根要及时剪除，一般烂根都是从根尖处向上逐渐腐烂，修剪时，剪到正常根系为止。对于已丧失吸收能力的老根也要剪除。容器使用一段时间后，器壁会贴附一些沉淀物，而且也易着生青苔，换水时也应清洗干净。

【实验报告】

1. 观察记录水培花卉、蔬菜水生根诱导和水培生长情况。

2. 设计实验研究营养液中不同成分对水培花卉蔬菜生长的影响。

【思考题】

1. 如何防止水培溶液中出现藻类滋生繁衍？

2. 如何增加水培溶液中的溶解氧？

3. 水培花卉如何越冬，普通花卉能否安全越冬？

4. 营养液对观赏鱼有伤害吗？

5. 什么是水培？什么是无土栽培？什么是水养？有何区别？水培有哪些方式？

实验十九　植物非试管快繁技术

【实验目的】

掌握植物非试管快繁技术的原理和几种常见植物的非试管快繁方法。

【实验原理】

植物非试管快繁技术是现代计算机智能控制技术与生物技术有机结合的一项全新的高新农业育苗技术。该技术运用植物生长模拟计算机为植物创造最为适宜的温、光、气、热、营养、激素环境，使植物的生理潜能得到最大的发挥，植物的生根基因尽快表达，从而实现植物的快速生根并育成种苗。与传统育苗技术相比，具有繁殖速度快、培育成本低、效益高、自动化、操作简单、适用品种多、容易被生产者接受等优点。另外植物非试管快繁技术是一项实用技术，它的运用将使中国的快繁产业从实验室开始走向田间，从科研院所及企业的专利走向农家，走向苗圃，是普通大众用得起、会使用的高新农业技术。它的推广应用将会带来一次全新的育苗革命。

植物非试管快繁技术从泛义的角度来说也是组织培养技术，但不同的是一个是在试管里而一个是在快繁苗床的大田基地里，培育环境有天壤之别，一个需要无菌的密闭环境，一个是在开放的环境；一个是在全人工补光环境下，一个是在全天候的自然光环境下；一个是利用加糖的人工培养基为育苗基质，一个是在没有任何有机质及糖的无机珍珠岩基质；一个是利用幼嫩的刚分化或无分化的组织或茎尖，一个是利用已完成形态分化的组织或器官；一个是通过分化不定芽以实现几何倍增，一个是利用芽茎营养生长来实现离体材料的增殖，也有部分可以运用增生的不定芽来完成增殖，但大多数品种是利用茎的生长来扩大繁殖材料；一个需经过严格炼苗才能适应大田环境，一个只需简单炼苗就能培育成对环境有很强适应性的快繁苗。组织培养过程是一个以异养为主，自养为辅的寄生型育苗过程，试管内组织的发育所需的营养与能量都是依靠培养基中的糖与矿质营养来提供的，属于异养型代谢而非试管快繁技术；它的离体组织材料是在没有任何糖的无机基质环境中进行；它的能量代谢全赖于组织本身的光合作用能力与贮藏的营养物质；它的整个代谢过程是自力更生的自养型代谢。

非试管快繁技术具有比组培更高的增殖率，因为移栽后的小苗，在全价营养液及适宜自然环境下比在瓶内有更快的生长量与生物量，如驱蚊草小苗移至大田后，在 1～2 个月内至少可增殖 15～20 个叶片与芽，为下代的继代循环提供了几何级增长的离体材料，这样一个叶芽在一年内至少可培育上百万株种苗，而且成本极低，只需一个塑料大棚与数个增殖培育大棚就可完成了，而如果采用组织培养技术，光组培相关设施设备与器具，就需投入几百万元，而且时间又长又繁琐，一般人也难以掌握。

【实验材料、仪器与试剂】

1. 实验材料

解剖刀、珍珠岩、蛭石、扦插床、自动喷雾装置、枝剪、苗床。

杜鹃花、红豆杉、茉莉等植物。

2. 实验仪器

人工气候箱。

3. 实验试剂

IBA、ABT 生根粉、50%百菌清可湿性粉剂 1 000 倍液。

【实验步骤】

1. 苗床准备

苗床上铺设珍珠岩，高度为 10 cm，珍珠岩要用 50%百菌清可湿性粉剂 1 000 倍液消毒，1～2 d 后，用清水将珍珠岩浇透，为扦插做准备。

2. 剪取插穗

选择生长健壮、无病虫害的杜鹃花、红豆杉、茉莉等植物枝条作为插穗，采条最好在阴天或早晨取样。插穗取回后及时用刀口锋利的枝剪将下端剪成一个斜口，上端剪成一个平口，剪除老叶、病叶，剪切时要防止剪口韧皮部和木质部分离。插穗需保留 3～4 个节。

3. 药剂处理

将剪好的插穗下端放入 100 mg/L IBA 或 ABT 生根粉中浸泡 2～5 h，不同植物所用生根剂药液浓度和处理时间不同。

4. 扦插

将生根剂药液处理的插穗进入苗床扦插。插穗在扦插时应直插，不应斜插、倒插，插后应压实，使珍珠岩和插穗紧密接触。扦插深度应根据插穗进行调整，扦插结束后浇透定根水。扦插后每隔 10～15 d 观察插条生根情况，并作记录。

图 19-1　红豆杉非试管快繁

5. 移栽

当扦插苗生根率达到 90%，平均生根数量不少于 5 条，平均根系长度不少于

3 cm时进行移栽。起苗时要尽量保持根系完整，严禁直接拔苗，从起苗到移植间隔时间不能太长。移栽后及时浇透定根水，随时观察移栽苗的生长状况和成活率。

【实验报告】

观察记录植物非试管快繁中的生根时间、生根率、生根数和根长。

【思考题】

1. 什么是非试管快繁技术？相比其他育苗技术有何优点？
2. 非试管快繁技术与扦插、植物组织培养有何区别？

实验二十　农杆菌介导的植物遗传转化

【实验目的】

了解农杆菌介导的植物遗传转化原理和方法。

【实验原理】

植物遗传转化是指将外源基因转移到植物体内并稳定地整合表达与遗传的过程。在这一过程中，建立稳定、高效的遗传转化体系是实现某一植物遗传转化的先决条件。目前，遗传转化的方法有农杆菌介导法、基因枪法、电击法、花粉管通道法、PEG诱导融合法等，其中，农杆菌介导的遗传转化法是外源DNA进入植物细胞的最成功和应用最广泛的方法，农杆菌可浸染大多数双子叶植物和少数单子叶植物，甚至裸子植物。转化植物细胞的农杆菌主要有两类，即根癌农杆菌（*Agrobacterium tumefaciens*）和发根农杆菌（*Agrobacterium rhizogenes*）。已有研究表明，影响农杆菌介导植物基因转化的因素很多，农杆菌菌株、植物基因型和外植体、培养方法、不同的选择标记等因素都影响农杆菌介导的遗传转化。目前报道已有许多植物通过农杆菌的遗传转化获得了转基因植株或毛状根。农杆菌介导的遗传转化工作分为植物表达载体的构建、转化系统的建立、目的基因的转化、转化体的筛选与获得、转基因植株的分子检测与转基因植株的获得。农杆菌的培养、生长状态和纯度对转化具有重要作用。如果农杆菌本身生长不良，则其侵染能力大大下降。农杆菌介导的遗传转化过程为：先将外植体切割成小块，然后将含伤口的小块浸泡在制备好的转化用农杆菌菌液中，浸泡一定时间后，用吸水纸吸干水分，放到不添加抗生素的MS培养基中共培养。3 d后，将共培养的外植体转接到含有羧苄青霉素等脱菌抗生素的培养基上进行外植体的脱菌培养。继代多次，将残留的农杆菌杀死。后转移到筛选培养基上筛选再生植株，转化细胞在含相应抗生素的培养基上正常生长，而非转化细胞死亡。对生长正常的转化植株进行分子生物学鉴定从而获得转基因植株。

【实验材料、仪器与试剂】

1. 实验材料

各种接种工具、Parafilm封口膜、培养皿。

烟草无菌苗、水稻种子、长春花种子、油菜种子、番茄种子。

根癌农杆菌菌株、发根农杆菌菌株。

2. 实验仪器

超净工作台、震荡摇床、离心机、灭菌锅、pH计、人工气候箱、培养箱。

3. 实验试剂

MS培养基各种母液、KT、NAA、2,4－D、蔗糖、琼脂、75％乙醇、2％NaClO、Kan、Cb、Hyg、Cef、乙酰丁香酮。

【实验步骤】

1. 烟草的遗传转化

(1) 烟草无菌苗的快繁

先将烟草种子用75％乙醇浸泡0.5 min，再用2％ NaClO浸泡10 min，无菌水冲洗3～4次，用无菌吸水纸吸干水分，接种于MS培养基上，25℃下光照培养，即可获得烟草无菌试管苗。切取烟草无菌试管苗的叶片，去掉其主叶脉和叶缘，将其剪成约1 cm^2见方的小叶片，接种于不定芽分化培养基(MS ＋ 6－BA 1.0 mg/L ＋ NAA 0.1 mg/L)中，待芽长出以后，切取单个芽接种于MS培养基中，20 d左右即可长成植株。

(2) 农杆菌的培养

在转化平板上挑取单菌落在1 ml农杆菌培养基中培养。在50 ml农杆菌培养基(含相应抗生素)中加入1 ml上述培养物，200 r/min，28℃振荡培养过夜；室温下4 000 r/min，10 min，弃上清液，菌体用1/2MS液体培养基悬浮，稀释到原体积的5～20倍，在与上相同的条件下培养2 h，使菌液的OD_{600}＝0.5左右。

(3) 农杆菌侵染

取生长两周左右的烟草的无菌叶片，去掉其主叶脉和叶缘，将其剪成约1 cm^2见方的小叶片。将叶片放入制备好的菌液中，190 r/min浸泡2～5 min，在无菌滤纸上吸干多余菌液。

(4) 共培养

将吸干的叶片外植体放在愈伤组织诱导或分化培养基MS1(MS ＋ 6－BA 1.0 mg/L ＋ NAA 0.1 mg/L)，25℃暗培养48 h。

(5) 选择培养

将经过共培养的叶片外植体转入加有选择压的脱菌分化或愈伤组织诱导培养基(MS ＋6－BA 1.0 mg/L ＋ NAA 0.1 mg/L ＋ Kan 50 mg/L ＋ Cb 250 mg/L)上，叶片背面向下，边缘压入培养基中，25℃光照下培养。培养7～15 d可见愈伤组织的形成，约20 d后可见分化芽长出。

(6) 生根培养

待芽长大后，切下，置于含有选择压的生根培养基(1/2MS ＋ NAA 0.5 mg/L ＋ Kan 25 mg/L)上进行生根培养，2～7 d左右长出不定根。

(7) 转基因烟草的移栽

等根系发达后，将植株取出，用无菌水洗净附着的固体培养基，移入土壤中，刚开始用玻璃罩罩几天，待植株健壮后再取下玻璃罩，温室中培养。

2. 水稻愈伤组织的遗传转化

(1) 种子消毒

成熟的水稻种子去壳后放入无菌三角瓶中，用75%酒精浸泡1～2 min，无菌水冲洗2次；再用2% NaClO消毒30 min，其间需经常摇动，再用无菌水洗3～4次，用无菌滤纸吸干多余的水分，将种子接种到愈伤组织诱导培养基(MS + 2,4-D 2.0 mg/L)上，每皿约30粒，于28℃暗培养。

(2) 继代培养

经过近1个月的诱导，水稻长出黄色膨大的愈伤组织，去其盾片，将愈伤转至新鲜的愈伤组织诱导培养基(MS + 2,4-D 2.0 mg/L)上进行继代。每2周继代一次，一般继代2～4次即可获得适合转基因的嫩黄色、颗粒状的胚性愈伤组织。在继代培养2周后，挑选胚性颗粒用于遗传转化。

(3) 农杆菌的培养

在转化平板上挑取单菌落在1 ml农杆菌培养基中培养。在50 ml农杆菌培养基(含相应抗生素)中加入1 ml上述培养物，200 r/min，28℃培养5～6 h至OD_{600}为0.6～1.0，培养结束前2 h加入乙酰丁香酮(AS，终浓度100 μmol/L)。取上述菌液在室温下，4 000 r/min，10 min，弃上清，加入MS液体培养基(含AS 100 μmol/L)重悬菌体，在与上相同的条件下培养2 h，使菌液的OD_{600} = 0.5左右，此时可用来转化愈伤组织。

(4) 共培养

将水稻胚性愈伤组织浸入农杆菌菌液20～30 min，再用无菌吸水纸吸干水分，将侵染的愈伤组织置于共培养培养基(MS + 2,4-D 2.0 mg/L + AS 100 μmol/L)上，28℃暗培养3 d。

(5) 洗菌

共培养的愈伤组织先用无菌水冲洗3遍，再浸泡在含Cef 250 mg/L的MS液体培养基中20～30 min后，将愈伤组织转入无菌滤纸上吸干。

(6) 选择培养

将吸干水分的愈伤组织接种于选择培养基(MS + 2,4-D 2.0 mg/L + Hyg 30 mg/L + Cef 250 mg/L)上。3周后，挑选新长出的愈伤接种于选择培养基(MS + 2,4-D 2.0 mg/L + Hyg 50 mg/L + Cef 250 mg/L)上，再选择3周。

(7) 分化培养

将经过2次选择得到的抗性愈伤组织转入到预分化培养基(MS + KT 2.0 mg/L + NAA 0.2 mg/L + 6-BA 2.0 mg/L + Hyg 30 mg/L + phytagel 5 g/L + 麦芽糖 30 g/L)上暗培养10 d左右，再转到分化培养基(MS + KT 2.0 mg/L + NAA 0.2 mg/L + 6-BA 2.0 mg/L + Hyg 30 mg/L + phytagel

2.5 g/L + 麦芽糖 30 g/L)上光照培养。

(8) 生根培养

1～2 个月,将 2 cm 左右高的幼苗转到生根培养基(1/2MS + NAA 0.5 mg/L + Hyg 15 mg/L + phytagel 2.5 g/L + 蔗糖 20 g/L)上诱导不定根的发生。

(9) 转基因苗的移栽

当幼苗长至 10 cm 高时,将幼苗取出,用无菌水洗净附着的固体培养基,移入土壤中,刚开始用玻璃罩罩几天,待植株健壮后再取下玻璃罩,温室中培养。

3. 油菜的遗传转化

(1) 无菌苗的获得

先用无菌水浸泡 10 min,再用 75%酒精消毒 1 min,用无菌水冲洗 2～3 次,再用 25% NaClO 消毒 10 min,用无菌水冲洗 2～3 次,接种于无激素的 MS 培养基上。光照培养,5 d 苗龄的子叶可用于转化。

(2) 预培养

剪下子叶和生长点,取紧接生长点的约 1 cm 长的下胚轴,置于预培养基(MS +6-BA 2.5 mg/L+ IAA 0.1 mg/L + AS 100 μmol/L)上培养 2 d。

(3) 农杆菌的培养

在转化平板上挑取单菌落在 1 ml 农杆菌培养基中培养。在 50 ml 农杆菌培养基(含相应抗生素)中加入 1 ml 上述培养物,200 r/min,28℃振荡培养过夜;室温下 4 000 r/min, 10 min,弃上清液,菌体用 1/2MS 液体培养基悬浮,稀释到原体积的 5～20 倍,在与上相同的条件下培养 2 h,使菌液的 OD_{600} =0.5 左右。

(4) 共培养

把预培养 2 d 的下胚轴放入菌液中摇 5 min,取出放到灭菌吸水纸上稍吸干,再放到预培养基(MS +6-BA 2.5 mg/L+ IAA 0.1 mg/L + AS 100 μmol/L)上共培养 2 d。

(5) 选择培养

把共培养 2 d 后的下胚轴放到筛选培养基(MS +6-BA 2.5 mg/L + IAA 0.1 mg/L + Km 15 mg/L + Cb 250 mg/L)上,每两周继代一次,直至长出苗。

(6) 生根培养

把再生苗剪下下,放到生根培养基(1/2MS + NAA 0.5 mg/L + Km 15 mg/L + Cb 250 mg/L)上生根。

4. 番茄的遗传转化

(1) 无菌苗的培养

先将番茄种子用 75%乙醇浸泡 1 min,再用 20%NaClO 浸泡 20 min,无菌水冲洗 3～4 次,用无菌吸水纸吸干水分,接种于 MS 培养基上,光照培养 5～7 d,可获得番茄无菌试管苗。

(2) 农杆菌的培养

在转化平板上挑取单菌落在 1 ml 农杆菌培养基中培养。在 50 ml 农杆菌培养基(含相应抗生素)中加入 1 ml 上述培养物,200 r/min,28℃振荡培养过夜;室温下 4 000 r/min, 10 min,弃上清液,菌体用 1/2MS 液体培养基悬浮,稀释到原体积的 5～20 倍,在与上相同的条件下培养 2 h,使菌液的 OD_{600} =0.5 左右。

(3) 共培养

取 5～7 d 的无菌苗,剪取子叶和下胚轴(0.5～1 cm 左右),放入农杆菌 MS 悬液中浸苗 10 min,倒出悬液,用无菌吸水纸吸干表面余菌,转到共培养基(MS + IAA 1 mg/L + ZT or KT 1 mg/L)上(培养基上放一张滤纸),暗培养 36 h。

(4) 选择培养

将共培养的外植体转入到选择分化培养基(MS + Cb 250～500 mg/L + Kan 50 mg/L)上,光照培养。每 2 周继代一次。

(5) 生根培养

大约 2 月后剪下幼苗到生根培养基(1/2MS + Kan 25 mg/L + Cb 250～500 mg/L)上诱导生根。

5. 发根农杆菌介导的长春花的遗传转化

(1) 无菌苗的培养

先将长春花种子用 75%乙醇浸泡 1 min,再用 2%NaClO 浸泡 10 min,无菌水冲洗 3～4 次,用无菌吸水纸吸干水分,接种于 MS 培养基上,光照培养,可获得长春花无菌试管苗。

(2) 农杆菌的培养

在转化平板上挑取单菌落在 1 ml 农杆菌培养基中培养。在 50 ml 农杆菌培养基(含相应抗生素)中加入 1 ml 上述培养物,200 r/min,28℃振荡培养过夜;室温下 4 000 r/min, 10 min,弃上清液,菌体用 1/2MS 液体培养基悬浮,稀释到原体积的 5～20 倍,在与上相同的条件下培养 2 h,使菌液的 OD_{600} =0.5 左右。

(3) 共培养

剪取长春花无菌苗的叶片和茎段,放入发根农杆菌 MS 悬液中浸泡 5 min,倒出悬液,用无菌吸水纸吸干表面余菌,转到共培养培养基 MS 上,光照培养 3 d。

(4) 毛状根的诱导和培养

将共培养的外植体转入到 1/2 MS + Cb 250 mg/L 培养基上光照培养。20 d 左右即可长出毛状根(图 20-1)。剪取毛状根,接种于 1/2 MS + Cb 250 mg/L 培养基上暗培养数周,选择生长快、分枝好的毛状根转入脱菌筛选培养基中继代筛选(图 20-2)。

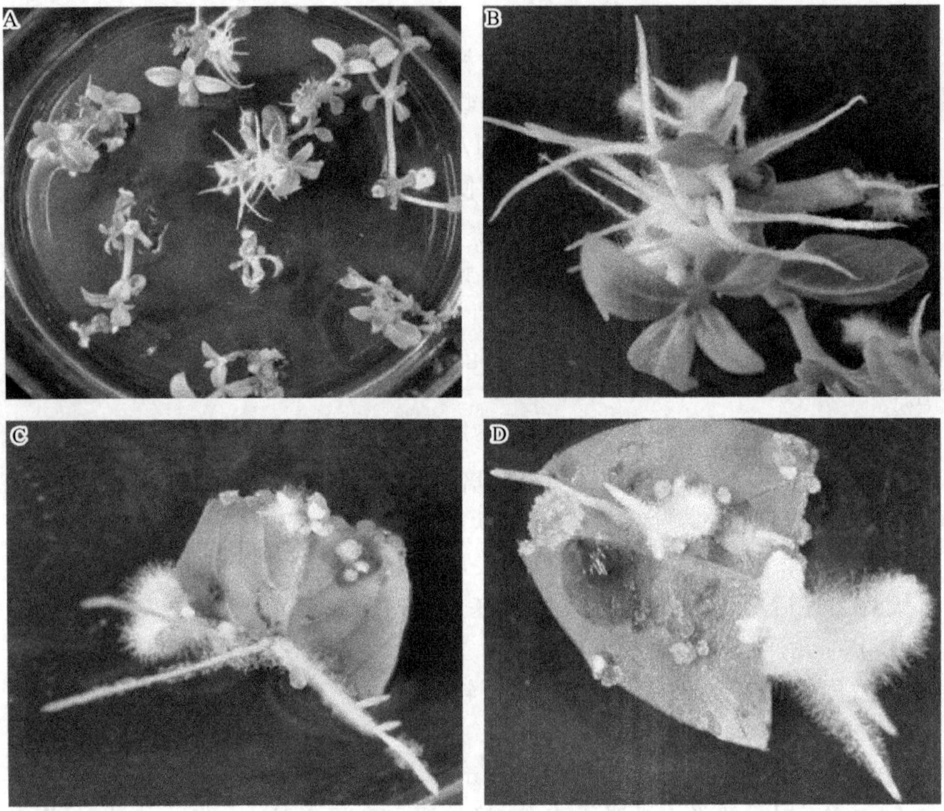

图 20－1　长春花状根的诱导

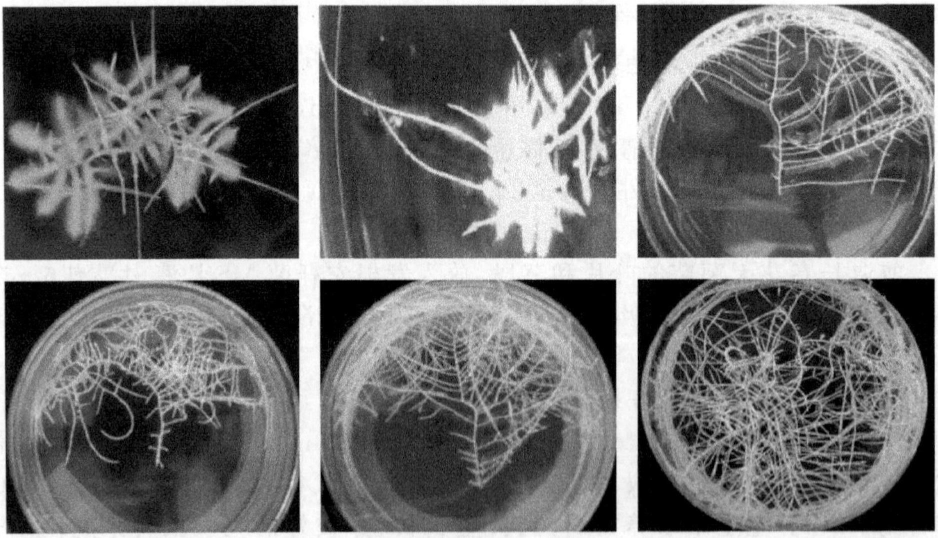

图 20－2　长春花毛状根的继代培养

6. 注意事项

能否成功地获得转基因植物,取决于起始材料对农杆菌的感受性、对转化细胞形成的新生组织的选择能力以及中选组织的再生能力。

遗传转化时应该注意以下几点:

(1) 对转化所用菌种类型、被转化对象的基因型及外植体的类型进行选择,其依据应是报告基因(gus)的瞬时表达效果;

(2) 对农杆菌进行必要的诱导处理,注意培养条件、菌液浓度、侵染和共培养的时间等,在提高瞬时表达的同时要防止细菌的过度生长;

(3) 对再生植株的细胞起源需有明确的了解,在培养方法、培养基的设计上要有利于转化细胞的生长、分裂及植株再生;

(4) 采用合适的选择标记基因、合适的抗生素及其浓度进行转化体的筛选。

【实验报告】

1. 观察记录植物遗传转化过程中愈伤组织诱导、不定芽分化情况。
2. 统计植物遗传转化频率。

【思考题】

1. Ti 质粒的主要分子生物学特征是什么?
2. 植物的报告基因常选用什么基因?
3. 简述农杆菌介导的遗传转化的原理和方法,并分析其优缺点。

实验二十一　转基因植株基因组DNA的提取

【实验目的】

掌握转基因植株基因组DNA的提取方法。

【实验原理简介】

植物细胞中DNA主要存在于细胞核内,称核DNA或染色体DNA,细胞质中含有少量的DNA,分布在线粒体和叶绿体内。植物细胞内的各种DNA总称为总DNA。核DNA分子呈极不对称的线状结构,一条染色体为一个DNA分子。高等植物的核DNA约为10^9bp,如此细长的分子对任何机械力的作用都十分敏感。在DNA提取过程中,DNA分子的降解很难避免,因此提取得到的只是DNA分子的片段。植物DNA的提取常用的有以下两种方法:

SDS(十二烷基硫酸钠)法:高浓度的SDS在较高温度下(55～65℃)裂解细胞,破坏蛋白质与DNA的结合,使DNA释放出来,通过酚和氯仿抽提去除蛋白质、脂质、多糖等,通过RNase A消化去除RNA,最后用乙醇沉淀DNA。该法操作简便,能满足大多数实验需要。

CTAB(十六烷基三乙基溴化铵)法:CTAB是一种去污剂,可溶解细胞膜并能与核酸形成复合物,该复合物在高盐浓度(0.7 mol/L NaCl)中是可溶的,通过离心就可将复合物同变性的蛋白质、多酚、多糖杂质(沉淀项)去除,水相中含有核酸与CTAB的复合物及其他可溶性的杂质,直接向水相中加入预冷的异丙醇则导致核酸的沉淀,CTAB和其他多数杂质留于异丙醇与水的混合相中,分离DNA沉淀并经75%乙醇漂洗后溶于TE(或纯净水)得到DNA的粗提物。

用于精细PCR、Southern杂交和DNA文库构建的DNA则应进一步纯化。用RNase水解RNA,用酚、氯仿、异戊醇和氯仿,异戊醇抽提去蛋白杂质等,经乙醇沉淀后可获得较为纯净的植物总DNA。

该法可以通过高盐缓冲液的选择型沉淀能很好地去除材料中的多酚及糖类杂质,得率高,质量好,用于PCR、Southern杂交、分子标记、DNA文库构建等。

【实验材料、仪器与试剂】

1. 实验材料

研钵、液氮、各种型号灭菌枪头、eppendorf管。

转基因植株叶片或细胞等。

2. 实验仪器

高速离心机、水浴锅、移液枪、冰箱、电泳槽、电泳仪、分光光度计、凝胶成像系统。

3. 实验试剂

SDS 提取液：

100 mmol/L	Tris-HCl (pH 8.0)
2.5%(v/v)	巯基乙醇
500 mmol/L	NaCl
20 mmol/L	EDTA
1.5%	SDS

CTAB 抽提液：

2%(w/v)CTAB

100 mmol/L Tris-HCl(pH8.0)

20 mmol/L EDTA(pH8.0)

1.4 mol/L NaCl

注：抽提含多酚较多的植物材料时，上述抽提液中可另加入 2% 的 PVP(聚乙烯吡咯烷酮)；抽提液于室温保存，可在几年内保持稳定。临用之前向装有上述抽提液的试管中加入 2%～3%(v/v)的 β-巯基乙醇。

醋酸钠：

3 mol/L NaAc

用冰乙酸调 pH 至 4.8～5.2。

TE 溶液：

100 mmol/L Tris-HCl

1.00 mmol/L EDTA

调 pH 至 8.0。

为防止 DNase 的降解作用，提取使用的各种器具及溶液均应经过高压灭菌。

5×TBE 电泳缓冲液(pH8.3)：使用时稀释为 0.5×TBE，4℃保存备用。

溴化乙锭(EBr)显色液：先用电泳缓冲液配制 1 mg/ml 母液，临用前，用电泳缓冲液稀释。一般使用浓度为 1 mg/ml，避光保存。

琼脂糖、DNA Marker DL2000。

【操作步骤】

1. SDS 法

(1) 一小块植物新鲜叶片或细胞置于研钵中进行研磨，放入 1.5 ml EP 管中，加 600 μl SDS 抽提液；

(2) 60℃水浴 30 min,经常颠倒混匀;

(3) 加 350 μl 饱和酚[Tris－HCl (pH 8.0)饱和,吸取下层]、350 μl 氯仿：异戊醇(24：1),轻轻混匀,4℃静置 5 min 至分层(所用的酚是经 Tris－HCl (pH 8.0)饱和过的,使用时吸取下层);

(4) 12 000 r/min 离心 10 min,室温;

(5) 吸上清(约 450 μl),加 450 μl 的冰乙醇(－20℃储存),一定要充分混匀,室温静置至 DNA 析出(吸上清时,一定不要打破下面的沉淀层,如果操作不够熟练,宁可少吸一点也要保证吸取到的上清的纯度);

(6) 12 000 r/min 离心 10 min,室温;

(7) 用 75%的乙醇清洗 2 次,稍离心,吸净残余乙醇,室温放置 10 min,使乙醇挥发完全(第一次冲洗时可不将 DNA 沉淀打起,只是冲洗沉淀表面及管壁,第二次冲洗时要用枪头将 DNA 沉淀打起来,但注意不要将打起的 DNA 沉淀和乙醇一起倒掉或吸掉丢弃);

(8) 加 1 μlRNase、50 μlTE(pH 8.0),混匀,轻离心后置 37℃水浴 30～40 min,轻离心。

(9) 吸取上清(约 35 μl)到新 EP 管中,－20℃保存,用于 PCR 或其他分子生物学实验。

2. CTAB 法

DNA 的粗提:

(1) 向 10 ml 离心管中预先加入 5 mlCTAB 抽提液及相应量的 β-巯基乙醇,65℃预热(巯基乙醇可以打断多酚氧化酶的二硫键,保护酚类物质不被氧化,从而保护核酸不被降解。EDTA 可以螯合二价离子,而后者是 DNA 酶的活性所必需的,从而抑制 DNA 酶的活性);

(2) 取约 1 g 的植物材料用液氮磨成粉末,迅速用药勺转入该 10 ml 离心管中,迅速混匀;

(3) 于 65℃水浴 45 min,中途间隔(轻柔)振荡 3 次混匀;

(4) 冷至室温后加入等体积(5 ml)氯仿：异戊醇(24：1),轻柔颠倒混匀使乳化 10 min;

(5) 10 000 r/min 离心 10 min(18～20℃);

(6) 吸取上清(4～5 ml)于另一干净的 10 ml 离心管中(根据需要可用氯仿：异戊醇如上法重复抽提一次;吸取上清时一定不要打破沉淀层);

(7) 吸取上清加入与上清液等体积(4～5 ml)且已于－20℃预冷的异丙醇,颠倒混匀,室温放置 15 min 至白色絮状沉淀出现(若没有沉淀出现,则加入上清液 1/10～1/5 体积的 pH4.8～5.2 的 3×10^6 NaAc,混匀,于－20℃冰箱中沉淀 30 min);

(8) 用玻璃钩子挑出 DNA(或用被剪去尖端的 1.5 mlTip 头吸住 DNA 沉淀团),放入盛有 1 ml 75%乙醇的 1.5 ml Eppendorf 管中(若无法直接挑取时用离心法沉淀 DNA);

(9) 用 75%乙醇中漂洗 DNA 沉淀,用 Tip 头吸干乙醇;

(10) 用 1 ml 75%乙醇再漂洗一次;

(11) 用无水乙醇再漂洗一次;

(12) 沉淀于室温或 60℃以下的恒温箱中干燥片刻至刚出现半透明(不要过度干燥);

(13) 用 500 μl TE 溶解沉淀,可用 65℃水浴助溶,得 DNA 粗提物,可用于 PCR 等。

DNA 的纯化:

(1) 向 TE 溶解的 DNA 粗提物中加入 4～10 μl RNaseA(40～100 μg);

(2) 于 37℃酶解 RNA 1 h 或 65℃酶解 RNA 30 min 以上;

(3) 10 000 g 常温离心 10 min,吸取上清;

(4) 加入 500 μl 酚∶氯仿∶异戊醇(25∶24∶1),轻轻颠倒混匀 10 min;

(5) 10 000 g 以上常温离心 10 min,吸取上清;

(6) 加入 500 μl 氯仿∶异戊醇(24∶1)轻轻颠倒 10 min;

(7) 10 000 g 以上常温离心 10 min,吸取上清(根据需要可重复用氯仿∶异戊醇如上法再抽提 1～2 次,以充分去除蛋白和酚);

(8) 向上清中加入 1/10～1/5 体积的 pH4.8～5.2 的 3M NaAc,并加入 2.5 倍体积无水乙醇,于－20℃沉淀 30 min 以上;

(9) 12 000 g、4℃低温离心 10 min,吸干液体;

(10) 沉淀用 75%乙醇 500 μl 漂洗二次;

(11) 沉淀于室温或 64℃以下恒温箱中干燥片刻至刚开始出现半透明状,勿过度干燥;

(12) 加入 100～200 μl 重蒸水溶解 DNA,可于 65℃水浴助溶;

(13) 取 5 μl DNA 电泳检查 DNA 的质量;

(14) 100～500 倍稀释后于分光光度计上测定 OD_{260} 及 OD_{280},分析 DNA 的浓度和质量;

(15) 保存 DNA 于－20℃(DNA 样品的保存应避免引起磷酸二酯键断裂的因素,如重金属、苯酚、醚氧化物及辐射引起的自由基等,还要避免紫外线照射(320 nm波长的紫外线会引起 DNA 交联,260 nm 紫外线会造成 TT 二聚体)。一般可溶于 TE 或纯水于 4℃或－20℃保存)。

3. 琼脂糖凝胶电泳

(1) 加 50 mlTAE 或 TBE 缓冲液于三角瓶中;

(2) 称取 0.5 g 琼脂糖，于微波炉中加热至完全融化(要回收条带时，最好使用进口的琼脂糖)；

(3) 冷却至 60℃左右；

(4) 加上溴化乙锭(EB)至终浓度为 0.5 μg/ml，轻轻混匀(溴化乙锭(EB)为剧毒物质，操作请戴手套)；

(5) 轻缓倒入封好两端和加上梳子的电泳胶板中，静置冷却 30 min 以上(倒胶时动作要轻缓以防产生气泡，万一产生气泡，可用移液枪头赶掉)；

(6) 将胶板放入电泳缓冲液(TAE 或 TBE)中，轻轻拔去梳子，即可上样电泳；

(7) 电泳结束后，将凝胶放入凝胶成像系统中进行照相分析。

【实验结果】

抽提到的植物总 DNA 在凝胶电泳检测时应呈现涂抹片状(即 smear 状)，这是因为植物总 DNA 在抽提过程中降解成长短不一的均匀分布的片断所致。

纯的 DNA 溶液其 OD_{260}/OD_{280} 应为 1.8，如果大于 1.9，表明有 RNA 污染，小于 1.6 表明有蛋白质或酚污染。OD_{260}/OD_{230} 应大于 2.0，如小于 2.0，表明溶液中有残存的盐及小分子杂质(如核苷酸、氨基酸、酚等)。

DNA 的浓度可以利用自外分光光度法进行测定，对于双链 DNA，$OD_{260}=1.0$ 时溶液浓度为 50 μg/ml。DNA 样品浓度(μg/μL)等于 $OD_{260}\times N$(样品稀释倍数)×50/1 000。一般稀释 100～1 000 倍。

【注意事项】

当植物材料表面或内部含有较多水分时，液氮冷冻会形成冰晶而妨碍研磨，所以在液氮冷冻之前，要用滤纸吸干植物材料表面的水分。对于含水量大的新鲜植物材料，如某些植物叶片、疏松的愈伤组织，冷冻前要用乙醇擦拭，是指部分脱水。

研磨使用的器皿(包括药匙)要在液氮中预冷，研钵只能使用陶瓷的，而不能用玻璃的。要保证研磨的全过程均在冷冻状态下进行，不允许材料在加入提取缓冲液之前融化。

为最大限度地避免 DNA 降解，提取过程中各种操作均应温和的进行，避免剧烈振荡，不可用反复吸打的方法助溶 DNA 沉淀。

【实验报告】

1. 记录转基因植物 DNA 提取电泳图片，并分析 DNA 提取质量。
2. 计算所提取的 DNA 的含量和纯度。

【思考题】

1. DNA 提取的原理是什么？
2. DNA 提取过程中 CTAB、EDTA、氯仿、饱和酚和酒精的作用是什么？
3. DNA 抽提过程中应注意哪些方面？

实验二十二　转基因植株PCR鉴定

【实验目的】

掌握PCR技术的基本原理和操作，了解扩增过程中各因素对扩增结果的影响。

【实验原理】

聚合酶链式反应(PCR)，即通过引物延伸核酸的某一区域而进行的重复双向DNA合成。PCR的原理是以单链DNA为模板，4种dNTP为底物，在模板3′端有引物存在的情况下，用酶进行互补链的延伸。多次重复的循环能使微量的模板DNA得到极大程度的扩增。由于PCR在分子克隆和DNA分析中具有许多广泛的用途，特别是近年来迅速出现了许多以PCR为基础的新技术，因此，学习并尽快掌握这一门常规技术是十分必要的。影响PCR反应的因素主要在于两个方面：① 引物的合理设计；② PCR反应体系及反应条件的优化。

进行转基因植株分子检测时，以目的基因为引物，以转基因植物基因组DNA为模板进行体外扩增。通过对扩增产物电泳分析，若测定植株含有目的基因扩增产物，则为转基因植株，否则为非转基因植株。PCR方法简单、快捷，可用于检测外源目的基因是否转入到植物基因组中。

【实验材料、仪器与试剂】

1. 实验材料

灭菌枪头、eppendorf管。

转基因植物DNA或质粒。

2. 实验仪器

PCR扩增仪、移液枪、电泳仪、电泳槽、凝胶成像系统等。

3. 实验试剂

Taq DNA聚合酶，10×PCR buffer，25 mmol/L $MgCl_2$，0.225 mmol/L dNTPs，10 μmol/L引物，模板DNA分子(0.1～2 μg/μl)，ddH_2O。

【实验操作】

1. 在50 μl反应体系中分别加入：

MiniQ H_2O	37.5 μl
10×PCR buffer	5 μl

25 mmol/L $MgCl_2$	3 μl
10 mmol/L dNTP mix	1 μl
引物 1(10 μmol/L)	1 μl
引物 2(10 μmol/L)	1 μl
Taq(2 to 5 units/μl)	0.5 μl
模板(cDNA)	1 μl

终体积为 50 μl

注意：如果只是普通的检测，而无须回收时，则 25 μl 的反应体系即可(上述体系中的各成分相应减半)。

2. 短暂离心混匀后，放入 PCR 仪中，反应程序如下：

(1) 94℃	3～5 min
(2) 94℃	1 min
58℃	1 min
72℃	1 min 30 sec
30～35 个循环	
(3) 72℃	7～10 min
(4) 4℃	保存

3. 反应完成后，将 PCR 产物用 1%琼脂糖凝胶电泳进行检测，并拍照记录实验结果。

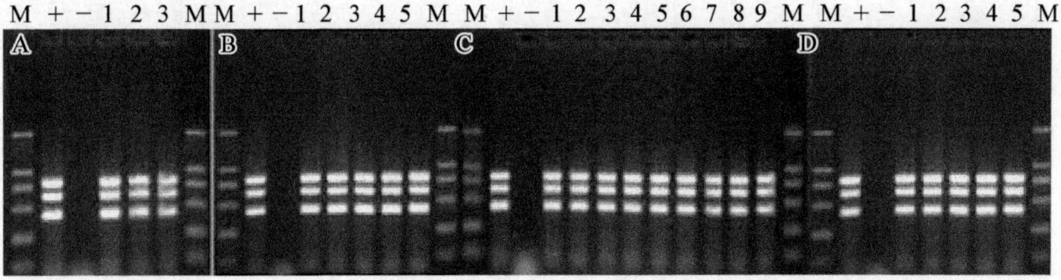

图 22-1　长春花转基因毛状根中 *rolB*、*rolC* 和 *hpt* 基因的 PCR 检测

【注意事项】

1. PCR 扩增实验中必须严格操作，杜绝所有可能的 DNA 痕量污染，并同时设置阴性参照(即同样的反应体系和条件下不加模板而进行 PCR，来检测反应体系是否被污染)。

2. PCR 反应对于不同的模板及引物而条件不同，具体扩增的反应条件需要通过实验来摸索和优化，从而建立最佳条件。

3. 推荐采用热启动策略(即等模板 94℃充分解链后,一般 94℃保持 3 min 即可,再加入酶以减少非特异扩增现象的发生)来提高反应的特异性。

(1) *Taq* 酶永远最后加入反应体系,酶极易失活,应该在冰盒上操作,用完及时放回冰箱中;

(2) PCR 中尽可能使用高质量的水如 MiniQ H_2O;

(3) 引物浓度不宜过高(我们一般的使用浓度为 10 μmol/L),否则易形成引物二聚体,同时还可能会导致非特异性产物的扩增;

(4) 新合成的引物,回来后稍加离心后,可用 MiniQ H_2O 配成高浓度的母液,并取部分配成 10 μmol/L 的工作液。

【实验报告】

记录分析转基因植物目的基因 PCR 凝胶电泳图片。

【思考题】

PCR 技术的基本原理,PCR 反应液中有哪些成分,各有什么作用?

附录一　植物组织培养常用培养基配方（浓度单位 mg/L）

1. MS 培养基

药品名称	浓度	药品名称	浓度	药品名称	浓度
NH_4NO_3	1 650	$MnSO_4 \cdot 4H_2O$	22.3	甘氨酸	2
KNO_3	1 900	$ZnSO_4 \cdot 7H_2O$	8.6	烟　酸	0.5
KH_2PO_4	170	H_3BO_3	6.2	盐酸吡哆素	0.5
$MgSO_4 \cdot 7H_2O$	370	KI	0.83	盐酸硫胺素	0.4
$CaCl_2 \cdot 2H_2O$	440	$Na_2MoO_4 \cdot 2H_2O$	0.25	肌　醇	100
$FeSO_4 \cdot 7H_2O$	27.8	$CuSO_4 \cdot 5H_2O$	0.025	蔗　糖	30 000
Na_2EDTA	37.3	$CoCl_2 \cdot 6H_2O$	0.025	琼　脂	8 000

2. B5 培养基（Gamborg 等，1968）

药品名称	浓度	药品名称	浓度	药品名称	浓度
$NaH_2PO_4 \cdot H_2O$	150	$MnSO_4 \cdot 4H_2O$	10	盐酸硫胺素	10
KNO_3	3 000	H_3BO_3	3	盐酸吡哆素	1
$(NH_4)_2SO_4$	134	$ZnSO_4 \cdot 7H_2O$	2	烟　酸	1
$MgSO_4 \cdot 7H_2O$	500	$Na_2MoO_4 \cdot 2H_2O$	0.25	肌　醇	100
$CaCl_2 \cdot 2H_2O$	150	$CuSO_4 \cdot 5H_2O$	0.025	蔗　糖	20 000
$FeSO_4 \cdot 7H_2O$	27.8	$CoCl_2 \cdot 6H_2O$	0.025	琼　脂	10 000
$Na_2 \cdot EDTA$	37.3	KI	0.75	pH	5.5

3. White（1963）

药品名称	浓度	药品名称	浓度	药品名称	浓度
KNO_3	80	$NaH_2PO_4 \cdot H_2O$	16.5	甘氨酸	3
$Ca(NO_3)_2 \cdot 4H_2O$	300	$Fe_2(SO4)_3$	2.5	烟　酸	0.3
$MgSO_4 \cdot 7H_2O$	720	$MnSO_4 \cdot 4H_2O$	7	肌　醇	100
Na_2SO_4	200	$ZnSO_4 \cdot 7H_2O$	3	蔗　糖	20 000
KCl	65	H_3BO_3	1.5	琼　脂	8 000
$CuSO_4 \cdot 5H_2O$	0.001	盐酸吡哆素	0.1	pH	5.6
MoO_3	0.000 1	盐酸硫胺素	0.1		

4. Nitsch(1951)

药品名称	浓度	药品名称	浓度	药品名称	浓度
$Ca(NO_3)_2 \cdot 4H_2O$	500	$MnSO_4 \cdot 4H_2O$	3	$Na_2MoO_4 \cdot 2H_2O$	0.025
KNO_3	125	$ZnSO_4 \cdot 7H_2O$	0.05	柠檬酸铁	10
$MgSO_4 \cdot 7H_2O$	125	H_3BO_3	0.5	蔗糖	20 000
KH_2PO_4	125	$CuSO_4 \cdot 5H_2O$	0.025	琼脂	10 000
				pH	6.0

5. SH 培养基(Schenk 和 Hildebrandt,1972)

药品名称	浓度	药品名称	浓度	药品名称	浓度
KNO_3	2 500	H_3BO_3	5.0	$CoCl_2 \cdot 6H_2O$	0.1
$CaCl_2 \cdot 2H_2O$	200	$MnSO_4 \cdot 4H_2O$	10	Na_2-EDTA	20
$MgSO_4 \cdot 7H_2O$	400	$ZnSO_4 \cdot 7H_2O$	10	$FeSO_4 \cdot 7H_2O$	15
$NH_4H_2PO_4$	300	$Na_2MoO_4 \cdot 2H_2O$	0.1	蔗糖	30 000
KI	1.0	$CuSO_4 \cdot 5H_2O$	0.2	pH	5.8

6. N_6培养基

药品名称	浓度	药品名称	浓度	药品名称	浓度
KNO_3	2 830	$ZnSO_4 \cdot 7H_2O$	1.5	盐酸硫胺素	1.0
$(NH_4)_2SO_4$	460	H_3BO_3	1.6	盐酸吡哆醇	0.5
$MgSO_4 \cdot 7H_2O$	185	$Na_2 \cdot$ EDTA	37.3	烟酸	0.5
KH_2PO_4	400	$FeSO_4 \cdot 7H_2O$	27.8	蔗糖	50 000
$CaCl_2 \cdot 2H_2O$	166	KI	0.8	琼脂	8 000
$MnSO_4 \cdot 4H_2O$	4.4	甘氨酸	2.0	pH	5.8

7. Miller

药品名称	浓度	药品名称	浓度	药品名称	浓度
KNO_3	1 000	$ZnSO_4 \cdot 7H_2O$	1.5	甘氨酸	2
NH_4NO_3	1 000	Na-Fe-EDTA	32	盐酸硫胺素	0.1
KH_2PO_4	300	$MnSO_4 \cdot 4H_2O$	4.4	盐酸吡哆醇	0.1
KCl	65	KI	1.6	蔗糖	30 000
$Ca(NO_3)_2 \cdot 4H_2O$	347	H_3BO_3	1.6	琼脂	8 000
$MgSO_4 \cdot 7H_2O$	35	烟酸	0.5	pH	5.8

8. Nitsch(1972)

药品名称	浓度	药品名称	浓度	药品名称	浓度
KNO_3	950	H_3BO_3	10	甘氨酸	2
NH_4NO_3	720	$Na_2MoO_4 \cdot 2H_2O$	0.25	盐酸硫胺素	0.5
$CaCl_2 \cdot 2H_2O$	166	$CuSO_4 \cdot 5H_2O$	0.025	盐酸吡哆醇	0.5
$MgSO_4 \cdot 7H_2O$	185	$Na_2 \cdot EDTA$	37.75	叶酸	0.5
KH_2PO_4	68	$FeSO_4 \cdot 7H_2O$	27.85	生物素	0.05
$MnSO_4 \cdot 4H_2O$	25	肌醇	100	蔗糖	20 000
$ZnSO_4 \cdot 7H_2O$	10	烟酸	5	琼脂	8 000

9. Heller(1953)

药品名称	浓度	药品名称	浓度	药品名称	浓度
$CaCl_2 \cdot 2H_2O$	75	$NaH_2PO_4 \cdot H_2O$	125	$CoCl_2 \cdot 6H_2O$	0.03
$MgSO_4 \cdot 7H_2O$	250	KCl	750	$NiCl_2 \cdot 6H_2O$	0.03
$ZnSO_4 \cdot 7H_2O$	1.0	KI	0.01	$FeCl_3 \cdot 6H_2O$	1.0
$CuSO_4 \cdot 5H_2O$	0.03	H_3BO_3	1.0	蔗糖	20 000
$NaNO_3$	600	$MnSO_4 \cdot 4H_2O$	0.1		

10. MT(1969)

药品名称	浓度	药品名称	浓度	药品名称	浓度
KNO_3	1 650	H_3BO_3	6.2	烟酸	5
NH_4NO_3	1 900	KI	0.83	甘氨酸	2
$MgSO_4 \cdot 7H_2O$	370	$Na_2 \cdot EDTA$	37.3	盐酸硫胺素	10
KH_2PO_4	170	$FeSO_4 \cdot 7H_2O$	27.8	盐酸吡哆醇	10
$CaCl_2 \cdot 2H_2O$	440	$CuSO_4 \cdot 5H_2O$	0.025	蔗糖	30 000
$MnSO_4 \cdot 4H_2O$	22.3	$CoCl_2 \cdot 6H_2O$	0.025		
$ZnSO_4 \cdot 7H_2O$	8.6	肌醇	100		

11. NT培养基

药品名称	浓度	药品名称	浓度	药品名称	浓度
NH_4NO_3	825	$MnSO_4 \cdot 4H_2O$	22.3	肌醇	100
KNO_3	950	$ZnSO_4 \cdot 7H_2O$	8.6	盐酸硫胺素	1
$CaCl_2 \cdot 2H_2O$	220	KI	0.83	NAA	3
$MgSO_4 \cdot 7H_2O$	1 233	H_3BO_3	6.2	甘露醇	0.7 mol/L
KH_2PO_4	680	$Na_2MoO_4 \cdot 2H_2O$	0.25	蔗糖	10 000
$Na_2 \cdot EDTA$	37.3	$CuSO_4 \cdot 5H_2O$	0.025	pH	5.8
$FeSO_4 \cdot 7H_2O$	27.8	$CoSO_4 \cdot 7H_2O$	0.03		

12. LS 培养基(Linsmaier 和 Skoog,1965)

药品名称	浓度	药品名称	浓度	药品名称	浓度
NH_4NO_3	1 650	$FeSO_4 \cdot 7H_2O$	27.8	$CuSO_4 \cdot 5H_2O$	0.025
$Na_2MoO_4 \cdot 2H_2O$	0.25	$MnSO_4 \cdot 4H_2O$	22.8	$CoCl_2 \cdot 6H_2O$	0.025
KH_2PO_4	170	$ZnSO_4 \cdot 7H_2O$	8.6	盐酸硫胺素	0.4
$MgSO_4 \cdot 7H_2O$	370	H_3BO_3	6.2	肌　醇	100
$CaCl_2 \cdot 2H_2O$	440	KI	0.83	蔗　糖	30 000
$Na_2 \cdot EDTA$	37.3	KNO_3	1 900	琼　脂	8 000

13. KM8P

药品名称	浓度	药品名称	浓度	药品名称	浓度
KNO_3	1 900	葡萄糖	68 400	对氨基苯甲酸	0.02
NH_4NO_3	600	蔗　糖	250	维生素 A	0.01
$CaCl_2 \cdot 2H_2O$	600	果　糖	250	维生素 D_3	0.01
$MgSO_4 \cdot 7H_2O$	300	核　糖	250	维生素 B_{12}	0.02
KH_2PO_4	170	木　糖	250	柠檬酸	40
KCl	300	甘露醇	250	苹果酸	40
$MnSO_4 \cdot H_2O$	10.0	鼠李糖	250	延胡索酸	40
KI	0.75	纤维二糖	250	丙酮酸钠	20
$CoCl_2 \cdot 6H_2O$	0.025	山梨醇	250	椰子乳	20
$ZnSO_4 \cdot 7H_2O$	2.0	抗坏血酸	2	酪蛋白氨基酸	250
$CuSO_4 \cdot 5H_2O$	0.025	氯化胆碱	1	肌　醇	100
H_3BO_3	3.0	泛酸钙	1	烟　酸	1
$Na_2MoO_4 \cdot 2H_2O$	0.25	叶　酸	0.4	盐酸吡哆醇	1
$Na_2 \cdot EDTA$	37.3	核黄素	0.2	盐酸硫胺素	1.0
$FeSO_4 \cdot 7H_2O$	27.8	生物素	0.01	pH	5.6

14. H(Bourgig 和 Nitsch,1967)

药品名称	浓度	药品名称	浓度	药品名称	浓度
KNO_3	950	H_3BO_3	10	甘氨酸	2
NH_4NO_3	720	$Na_2MoO_4 \cdot 2H_2O$	0.25	盐酸硫胺素	0.5
$MgSO_4 \cdot 7H_2O$	185	$CuSO_4 \cdot 5H_2O$	0.025	盐酸吡哆醇	0.5
$CaCl_2 \cdot 2H_2O$	166	$FeSO_4 \cdot 7H_2O$	27.8	叶　酸	0.5
KH_2PO_4	68	$Na_2 \cdot EDTA$	37.3	生物素	0.05
$MnSO_4 \cdot 4H_2O$	25	肌　醇	100	蔗　糖	20 000
$ZnSO_4 \cdot 7H_2O$	10	烟　酸	5	pH	5.5

15. T(Bourgin 和 Nitsch,1967)

药品名称	浓度	药品名称	浓度	药品名称	浓度
KNO_3	1 900	$MnSO_4 \cdot 4H_2O$	25	$CuSO_4 \cdot 5H_2O$	0.025
NH_4NO_3	1 650	$FeSO_4 \cdot 7H_2O$	27.8	蔗　糖	10 000
$MgSO_4 \cdot 7H_2O$	370	$Na_2 \cdot EDTA$	37.3	琼　脂	8 000
$CaCl_2 \cdot 2H_2O$	440	H_3BO_3	10	pH	6.0
KH_2PO_4	170	$Na_2MoO_4 \cdot 2H_2O$	0.25		

附录二　常见水培营养液配方

1. 几种常见营养液大量元素配方(浓度单位 mmol/L)

药品名称	克诺普(1865)古典通用水培创始配方	霍格兰和斯奈德(1938)通用	霍格兰和阿农(1938)通用	日本园式配方(1966)通用
$Ca(NO_3)_2 \cdot 4H_2O$	4.9	5.0	4.0	4.0
KNO_3	2.0	5.0	6.0	8.0
KH_2PO_4	1.5	1.0		
$MgSO_4 \cdot 7H_2O$	0.8	2.8	2.0	2.0
$NH_4H_2PO_4$			1.0	1.3

2. 水培营养液配方

营养物质用量 营养液配方名称及适用对象	每升水中含有化合物的毫克数/(mg/L)									
	四水硝酸钙	硝酸钾	硝酸铵	磷酸二氢钾	磷酸氢二钾	磷酸氢二铵	硫酸铵	硫酸钾	七水硫酸镁	二水硫酸钙
Knop(1865)古典水培配方	1 150	200	—	200	—	—	—	—	200	—
Hoagland 和 Arnon(1938)	945	607	—	—	—	115	—	—	493	—
Hoagland 和 Snyder(1938)	1 180	506	—	136	—	—	—	—	693	—
Arnon 和 Hoagland 1952	708	1 011	—	—	—	230	—	—	493	—
Rothansted 配方 A (pH4.5) (1952)	—	1 000	—	450	67.5	—	—	—	500	500
Rothansted 配方 B (pH5.5) (1952)	—	1 000	—	400	135	—	—	—	500	500
Rothansted 配方 C (pH6.2) (1952)	—	1 000	—	300	270	—	—	—	500	500
Copper(1975)推荐 NFT 上使用的配方	1 062	505	—	140	—	—	—	—	738	—
荷兰温室作物研究所，岩棉培滴灌配方	886	303	—	204	—	—	33	218	247	—
荷兰花卉研究所，岩棉培滴灌配方	660	378	64	204	—	—	—	—	148	—
荷兰花卉研究所，岩棉培滴灌配方	786	341	20	204	—	—	—	—	185	—

续　表

营养物质用量 营养液配方名 称及适用对象	每升水中含有化合物的毫克数/(mg/L)									
	四水硝酸钙	硝酸钾	硝酸铵	磷酸二氢钾	磷酸氢二钾	磷酸氢二铵	硫酸铵	硫酸钾	七水硫酸镁	二水硫酸钙
日本园试配方(1966)	945	809	—	—	—	153	—	—	493	—
山崎甜瓜配方(1978)	826	607	—	—	—	153	—	—	370	—
山崎黄瓜配方(1978)	826	607	—	—	—	115	—	—	483	—
山崎番茄配方(1978)	354	404	—	—	—	77	—	—	246	—
山崎甜椒配方(1978)	354	607	—	—	—	96	—	—	185	—
山崎莴苣配方(1978)	236	404	—	—	—	57	—	—	123	—
山崎茄子配方(1978)	354	708	—	—	—	115	—	—	246	—
山崎茼蒿配方(1978)	472	809	—	—	—	153	—	—	493	—
山崎小芜箐配方(1978)	236	506	—	—	—	57	—	—	123	—
山崎鸭儿芹配方(1978)	236	708	—	—	—	192	—	—	246	—
山崎草莓配方(1978)	236	303	—	—	—	57	—	—	123	—
华南农业大学果菜配方(1990)	472	404	—	100	—	—	—	—	246	—
华南农业大学番茄配方(1990)	590	404	—	136	—	—	—	—	246	—
华南农业大学叶菜A配方(1990)	472	267	53	100	—	—	—	116	264	—
华南农业大学叶菜B配方	472	202	80	100	—	—	—	174	246	—
华南农业大学豆科配方(1990)	—	322	—	150	—	—	—	—	150	750
山东农业大学西瓜配方(1978)	1 000	300	—	250	—	—	—	120	250	—
山东农业大学番茄、辣椒配方(1978)	910	238	—	185	—	—	—	—	500	—

3. 通用营养液微量元素配方(浓度单位 μmol/L)

药品名称	浓　度	药品名称	浓　度
Na_2Fe-EDTA	51.3～102.5	$ZnSO_4 \cdot 7H_2O$	0.8
H_3BO_3	46.3	$CuSO_4 \cdot 5H_2O$	0.3
$MnSO_4 \cdot 4H_2O$	9.5	$(NH_4)_6MoO_{24} \cdot 4H_2O$	0.02

4. 道格拉斯的孟加拉营养液配方(浓度单位 g/L)

药品名称	配方1用量	配方2用量
$NaNO_3$	0.52	1.74
$(NH_4)_2SO_4$	0.16	0.12
$Ca(H_2PO_4)_2 \cdot H_2O$	0.43	0.93
K_2CO_3		0.16
K_2SO_4	0.21	
$MnSO_4$	0.25	0.53

5. 波斯特的加利福尼亚营养液配方(浓度单位 g/L)

药品名称	浓　度	药品名称	浓　度
$CaNO_3$	0.74	KH_2PO_4	0.12
KNO_3	0.48	$MgSO_4$	0.37

6. 观赏花卉水培营养液配方(浓度单位 g/L)

药品名称	浓　度	药品名称	浓　度
KNO_3	0.6	$FeSO_4$	0.15
$Ca(NO_3)_2$	0.1	H_3BO_3	0.006
$MgSO_4$	0.6	$CuSO_4$	0.000 2
K_2SO_4	0.2	$MnSO_4$	0.004
$NH_4H_2PO_4$	0.4	$ZnSO_4$	0.001
KH_2PO_4	0.2	$(NH_4)_6MoO_{24} \cdot 4H_2O$	0.005
Na_2EDTA	0.1		

7. 观叶植物水培营养液配方(浓度单位 g/L)

药品名称	浓　度	药品名称	浓　度
KNO_3	0.505	H_3BO_3	0.001 24
NH_4NO_3	0.08	$MnSO_4$	0.002 23
KH_2PO_4	0.136	$ZnSO_4$	0.000 864
$MgSO_4$	0.246	$CuSO_4$	0.000 125
$CaCl_2$	0.333	$H_2MoO_4 \cdot 4H_2O$	0.000 117
$Na_2FeEDTA$	0.024		

8. 观果类植物水培营养液配方(浓度单位 g/L)

药品名称	浓度	药品名称	浓度
KNO_3	0.70	$CuSO_4$	0.000 6
$Ca(NO_3)_2$	0.70	H_3BO_3	0.000 6
$Ca(H_2PO_4)_2$	0.80	$MnSO_4$	0.000 6
$MgSO_4$	0.28	$ZnSO_4$	0.000 6
$FeSO_4$	0.12	$(NH_4)_6MoO_{24} \cdot 4H_2O$	0.000 6
$(NH_4)_2SO_4$	0.22		

9. 常见花卉营养液 pH

花卉名称	pH	花卉名称	pH
百合	5.5	郁金香	6.5
鸢尾	6.0	天竺葵	6.5
金盏菊	6.0	紫菀	6.5
紫罗兰	6.0	虞美人	6.5
水仙	6.0	樱草	6.5
秋海棠	6.0	大丽花	6.5
倒挂金钟	6.0	菊花	6.8
月季	6.5	香豌豆	6.8
仙客来	6.5	香石竹	6.8
唐菖蒲	6.5	风信子	7.0

10. 水培生菜营养液配方 1

药品名称	浓度	药品名称	浓度
$Ca(NO_3)_2$	0.236	Na_2EDTA	0.018 6
KNO_3	0.404	H_3BO_3	0.002 86
$NH_4H_2PO_4$	0.057	$MnSO_4$	0.002 13
$MgSO_4$	0.123	$ZnSO_4$	0.000 22
$FeSO_4$	0.013 9	$CuSO_4$	0.000 06

11. 水培生菜营养液配方 2

药品名称	浓度	药品名称	浓度
$Ca(NO_3)_2$	0.910	H_3BO_3	0.003
KNO_3	0.238	$MnSO_4$	0.002
KH_2PO_4	0.185	$ZnSO_4$	0.000 2
$MgSO_4$	0.500	$CuSO_4$	0.000 08
$Na_2FeEDTA$	0.016	$(NH_4)_6MoO_{24} \cdot 4H_2O$	0.000 02

附录三 常见植物激素单位换算

生长调节物质	分子式	摩尔质量/(g/mol)	mg/L	μmol/L
NAA	$C_{12}H_{10}O_2$	186.2	0.186 2	5.371
IAA	$C_{10}H_9NO_2$	175.19	0.175 2	5.708
IBA	$C_{12}H_{13}NO_2$	203.23	0.203 2	4.921
GA_3	$C_{19}H_{22}O_6$	346.4	0.346 4	2.887
2,4-D	$C_{20}H_6O_3$	221.04	0.221 0	4.524
KT	$C_{10}H_9N_5O$	215.21	0.215 2	4.647
BA	$C_{12}H_{11}N$	225.25	0.225 3	4.439
ZT	$C_{10}H_{13}N_5O$	219.7	0.219 7	4.552

附录四 常见植物激素的配制和贮存

中文名称	简写	溶剂	贮存条件	稳定性
2,4-二氯苯氧乙酸	2,4-D	0.1 mol/L NaOH	0～4℃	稳定
萘乙酸	NAA	0.1 mol/L NaOH	0～4℃	稳定
吲哚乙酸	IAA	0.1 mol/L NaOH	0～4℃	遮光,过滤除菌
吲哚丁酸	IBA	0.1 mol/L NaOH	0～4℃	稳定
6-苄基腺嘌呤	6-BA	0.1 mol/L HCl	0～4℃	稳定
激动素	KT	0.1 mol/L HCl	0～4℃	稳定
玉米素	ZT	0.1 mol/L HCl	0～4℃	过滤除菌
2-异戊烯腺嘌呤	2-iP	0.1 mol/L HCl	0～4℃	稳定
脱落酸	ABA	95%乙醇	0～4℃	遮光,过滤除菌
赤霉素	GA	95%乙醇	0～4℃	过滤除菌
矮壮素	CCC	水	0～4℃	稳定
油菜素内酯	BR	95%乙醇	0～4℃	稳定
表油菜素内酯	epiBR	95%乙醇	0～4℃	稳定
茉莉酸	JA	95%乙醇	0～4℃	稳定
多胺		水	0～4℃	稳定
多效唑	PP333	甲醇,丙酮	0～4℃	稳定
苯基塞二唑基脲	TDZ	0.1 mol/L NaOH	0～4℃	稳定

附录五　常见抗生素的配制和贮存

中文名称	简写	溶剂	贮存条件	贮存浓度/(mg/ml)	细菌培养浓度/(mg/L)	植物脱菌浓度/(mg/L)
氨苄青霉素	Amp	水	−20℃	100	100	250～500
羧苄青霉素	Cb	水	−20℃	100	50	250～500
头孢霉素	Cef	水	−20℃	250	50	250～500
卡拉霉素	Km	水	−20℃	100	50～100	10～100
氯霉素	Cm	乙醇	−20℃	17	25～170	10～100
四环素	Tc	乙醇	−20℃	5	10～50	—
链霉素	Sp	水	−20℃	10	10～50	—
利福平	Rif	水	−20℃	20	50～100	—
新霉素	Nm	水	−20℃	50	25～50	10～100

主要参考文献

安利国．细胞工程(第2版)．北京：科学出版社，2009

陈胜平，刘晓光，陈志，韩靖玲，李远新．番茄树无土栽培设施及配方施肥栽培技术研究．中国农学通报，2008，24(9)：305～307

程力辉．半夏人工种子技术研究．甘肃农业大学硕士学位论文，2009

傅玉兰．水培花卉适用技法．合肥：安徽科学技术出版社，2010

郭仰东．植物细胞组织培养实验教程．北京：中国农业大学出版社，2009

黄雪丽．马铃薯茎尖脱毒、愈伤组织诱导及分化技术优化研究．四川农业大学硕士学位论文，2009

蒋明权．甘薯茎尖脱毒、快繁技术及其脱毒苗增产机理的研究．安徽农业大学硕士学位论文，2004

孔振辉，申书兴．植物组织培养．北京：化学工业出版社，2009

李玉芳．几种菊花茎尖培养和移栽技术研究．北方园艺，1996，3：42～43

刘慧超，卢钦灿．生菜立体水培技术．现代农业科学，2009，16(3)：100～101

刘庆昌，吴国良．植物细胞组织培养．北京：中国农业大学出版社，2002

柳旭波，刘建慧．曼地亚红豆杉非试管快繁技术研究．浙江农业科学，2005，6：448～450

孟宪磊．马铃薯脱毒快繁及微型薯生产技术试验研究．中国果菜，2005，6：12～13

宋朝辉．蝴蝶兰水培技术．北京农业，2007，7：43～45

孙敬三，桂耀林．植物细胞工程实验技术．北京：科学出版社，1995

王翠亭．小麦遗传转化研究及小麦叶基部胚性愈伤诱导与植株再生．中国科学院研究生院博士学位论文，2003

王家福．花卉组织培养与快繁技术．北京：中国林业出版社，2006

王晶珊，王爱华．细胞工程实验教程．北京：高等教育出版社，2011

王宇．甘薯脱病毒技术研究．辽宁师范大学硕士学位论文，2005

许红印，王奎林，刘庆超，刘孟，赵静，刘庆华．仙客来水培研究．园艺园林科学，2008，24(4)：310～313

杨晓琴，卢氏君，段琼，熊丽．杜鹃新品种非试管智能化快繁技术．中国花卉园艺，2009，9：40～41

杨志．野玫瑰组织培养技术的研究．延边大学硕士学位论文，2004

张献龙，唐克轩．植物生物技术．北京：科学出版社，2004

赵倩．月季组织培养及利用ISSR标记进行遗传多样性分析．华中农业大学硕士学位论文，2008

周力，刘静波，何小弟，张静，康秋玉，陆雪军，陈冬．红掌无土栽培基质的筛选研究．中国花卉园艺，2009，8：66～69

周晓鹿．芦荟的组织培养及次生代谢产物的初步研究．北京林业大学硕士学位论文，2007

Gong YF，Gao F and Tang KX. In vitro high frequency direct root and shoot regeneration in sweet potato using the ethylene inhibitor silver nitrate. South African Journal of Botany，2005，71(1)：110～113

主要参考文献

[illegible]